iit-Themenband
Digitale Souveränität

Volker Wittpahl • Herausgeber

iit-Themenband
Digitale Souveränität
Bürger | Unternehmen | Staat

 Springer Vieweg

OPEN

Herausgeber
Volker Wittpahl
Institut für Innovation und Technik (iit)
in der VDI/VDE Innovation + Technik GmbH
Berlin, Deutschland

ISBN 978-3-662-55788-4   ISBN 978-3-662-55796-9 (eBook)
DOI 10.1007/978-3-662-55796-9

Die Deutsche Nationalbibliothek verzeichnet diese Publikation in der Deutschen Nationalbibliografie; detaillierte bibliografische Daten sind im Internet über http://dnb.d-nb.de abrufbar.

Springer

Gedruckt auf säurefreiem und chlorfrei gebleichtem Papier

Springer ist Teil von Springer Nature
Die eingetragene Gesellschaft ist „Springer-Verlag GmbH Berlin Heidelberg"

Vorwort

Die sich beschleunigende Digitalisierung hat binnen kurzer Zeit ganze Wirtschaftsbranchen komplett verändert. Sie hat Wertschöpfungsketten in nur wenigen Jahren von Grund auf neu zusammengesetzt oder gar gänzlich aufgelöst, wie in der Musik oder in der Fotografie. Ob in der Medien- und Nachrichtenwelt, dem Finanz- und Immobiliensektor oder der Reisebranche: Wirtschaftliche Globalisierung und Digitalisierung haben sich gegenseitig verstärkt und beschleunigt. Einerseits hat die Globalisierung durch weltweiten Handel und Vernetzung von Produktionsstandorten zu einer verstärkten Nutzung von vernetzten digitalen Systemen zu ihrer Steuerung geführt. Andererseits hat die Verfügbarkeit digitaler Systeme, insbesondere des Internets, für Unternehmen und Privatpersonen die Globalisierung in weiteren Aspekten vorangetrieben.

Sämtliche Aspekte menschlichen Handelns sind einer Transformation unterworfen und stehen auf dem Prüfstand. Das hat dramatischere Konsequenzen als noch zu Beginn dieses Jahrhunderts augenscheinlich war. Den Menschen wird langsam bewusst, dass das Veränderungstempo, hervorgerufen durch eine sich beschleunigende Digitalisierung in fast allen Bereichen des Lebens, sie regelrecht schwindelig macht. Im weiteren Verlauf der digitalen Transformation wird das Leben und Handeln wenig mit dem zu tun haben, was Individuen, Vertreter von Unternehmen und Staaten noch vor wenigen Jahren gekannt haben. Worin die Veränderungen münden, kann derzeit niemand vorhersagen. Das verunsichert Entscheidungsträger aus Politik und Wirtschaft. Der rasante Wandel im beruflichen Umfeld macht vielen Menschen Angst.

Sowohl im Privaten als auch in Wirtschaft und Politik benötigen wir eine umfassende Handlungssouveränität, um das jetzige und künftige Leben in der digitalisierten Gesellschaft gestalten zu können. Zwei Ursachen schränken diese Handlungssouveränität ein. Die eine Ursache liegt in der beschleunigten Entwicklung von Technologien und ihrer anwachsenden Komplexität. Durch sie können Funktionsweisen von digitalen Systemen und Infrastrukturen zwar genutzt, aber häufig nur noch unzureichend verstanden werden. In der Folge sind die potenziellen Chancen und Risiken beim Einsatz digitaler Systeme nicht mehr fundiert einschätzbar. Die andere Ursache liegt in den einschränkenden Nutzungsbedingungen der Anbieter digitaler Systeme und Dienste. Diese werden vom Nutzer hingenommen und im Privaten meist sogar ungelesen per Klick akzeptiert.

Während die meisten Menschen wie unbedarfte Kinder mit großen Augen und staunend neue digitale Welten für sich entdecken, geben sich die globalen Internet-Firmen wie digitale Konquistadoren. Unbedarfte Nutzer überlassen den Konquistadoren ihren persönlichen Datenschatz und ihre Rechte am digitalen Neuland meist für ein digitales Glasperlenspiel in Form einer wischbaren Glasscheibe im Hosentaschenformat.

Aufgrund dieser Entwicklungen ist von der Handlungssouveränität aus vordigitalen Zeiten wenig übrig geblieben. Das betrifft auf gesellschaftlicher Ebene das Privatleben des Einzelnen ebenso wie das öffentliche Leben in Politik und Wirtschaft. Die digitale Souveränität im Sinne einer digitalen Handlungssouveränität wird zur notwendigen Voraussetzung, um den Prozess der digitalen Transformation mitgestalten zu können. Dabei ist digitale Handlungssouveränität mehr als Technologiewissen. Sie schließt die Kenntnis um die Anwendung der Technologien und ihre Folgen ein und ermöglicht ihre freie Ausgestaltung.

Da die technologischen Entwicklungen sehr schnell ablaufen, kommt es darauf an, dass wir ihnen gesellschaftlich in unseren Erkenntnisprozessen folgen können. Die Ergebnisse dieser Erkenntnisprozesse werden unsere Aktivitäten zur Ausgestaltung der künftigen digitalisierten Gesellschaft prägen. Notwendige Voraussetzung ist die Mündigkeit und Aufklärung aller. Dies zu schaffen, ist eine zentrale Herausforderung: Wir stehen vor der Aufgabe, ein Zeitalter der digitalen Aufklärung einzuläuten, damit künftig eine digitale Souveränität für Bürger, Unternehmen und Staaten – sofern diese als solche dann noch existieren – gewährleistet ist. Diese künftige digitale Souveränität wird sich in ihrem Verständnis sicherlich stark von Auffassungen und Diskussionen unterscheiden, mit denen wir heute diesen Begriff zu fassen suchen.

Das Zeitalter der digitalen Aufklärung ist notwendig, um die selbstverschuldete digitale Unmündigkeit zu verlassen – mit dem Ziel, sich digitaler Daten und Anwendungen ohne Leitung eines Anderen oder intelligenter Algorithmen bedienen zu können. Selbstverschuldet ist die heutige digitale Unmündigkeit wesentlich durch Bequemlichkeit und einen Mangel an Umsicht. Dies gilt besonders für den mündigen Umgang mit den eigenen Daten. Digitale Sorglosigkeit verhindert digitale Souveränität.

Digitale Aufklärung führt über die digitale Mündigkeit zu einer digitalen Souveränität – des Einzelnen ebenso wie auch der privatwirtschaftlichen Unternehmen sowie des Staates und seiner Institutionen. Angelehnt an Immanuel Kant[1] kann zum Erreichen dieser digitalen Souveränität formuliert werden:

---

[1] *Immanuel Kant (1784). Beantwortung der Frage: Was ist Aufklärung? In: Berlinische Monatsschrift, H. 12, S. 481–494. „Aufklärung ist der Ausgang des Menschen aus seiner selbstverschuldeten Unmündigkeit. Unmündigkeit ist das Unvermögen, sich seines Verstandes ohne Leitung eines anderen zu bedienen. Selbstverschuldet ist diese Unmündigkeit, wenn die Ursache derselben nicht am Mangel des Verstandes, sondern der Entschließung und des Muthes liegt, sich seiner ohne Leitung eines anderen zu bedienen. Sapere aude!"*

„Digitale Aufklärung ist der Ausgang des Menschen aus seiner selbstverschuldeten digitalen Unmündigkeit. Digitale Unmündigkeit ist das Unvermögen, sich seines Verstandes und digitaler Systeme ohne Leitung eines anderen Menschen, Unternehmens oder einer Maschine zu bedienen. Selbstverschuldet ist diese digitale Unmündigkeit, wenn die Ursache derselben nicht am Mangel des Verstandes, sondern der Entschließung und des Muthes liegt, sich seiner ohne Leitung eines anderen zu bedienen. Sapere aude!"

In diesem Themenband des Instituts für Innovation und Technik (iit) werden ausgehend von einer deutschen Perspektive verschiedene Aspekte und Ansatzpunkte zur aktuellen Transformation beleuchtet. Die Entwicklung einer digitalen Souveränität und entstehender Handlungsfelder werden für Bürger, Unternehmen und Staat aufgezeigt.

Dabei spiegelt sich in den Beiträgen die Heterogenität der heutigen Perspektiven auf die zu entwickelnde digitale Souveränität wider. Insofern will und kann dieses Buch noch kein umfassendes Bild der digitalen Aufklärung im geforderten Kant'schen Sinne zeichnen. Vielmehr werden einige Aspekte schlaglichtartig beleuchtet, zu denen jetzt Fragen beantwortet und Weichen gestellt werden müssen. Das Nicht-Beantworten dieser Fragen und das Zaudern bei den angemahnten Entscheidungen hätten einen dramatischen Einfluss auf die Gestaltung unserer Zukunft. Dieses Buch soll Denk- und Handlungsimpulse für die Ausgestaltung der künftigen digitalen Souveränität setzen.

Bedanken möchte ich mich ganz herzlich bei den mitwirkenden Autoren und für die redaktionelle Unterstützung bei Dieter Beste, Lorenz Hornbostel, Marion Kälke und Désirée Tillack.

Berlin, Deutschland   Volker Wittpahl
Juli 2017   Geschäftsführender Direktor

Inhaltsverzeichnis

Kapitel 1

BÜRGER

Social Bots
in den sozialen Medien

—

Digitale Partizipation
in Wissenschaft und Wirtschaft

—

Von digitaler
zu soziodigitaler
Souveränität

V. Wittpahl (Hrsg.), *Digitale Souveränität*,
DOI 10.1007/978-3-662-55788-4_1, © Der/die Autor(en) 2017

55 Prozent *der Internetnutzer betrachten die voranschreitende Digitalisierung des Alltags mit Sorge, gleichzeitig stimmen* **80 Prozent** *der Aussage zu, dass eine zunehmende Digitalisierung große Chancen bietet.* **38 Millionen** *befürchten, dass der Staat infolge der technischen Entwicklungen bei Computern und Telekommunikation die Bürger immer stärker überwachen wird.* **23 Prozent** *der Privatpersonen wurden bereits Opfer von Internetkriminalität oder Datenmissbrauch.* **57 Prozent** *versenden keine vertraulichen Informationen und wichtige Dokumente per E-Mail.* **62 Prozent** *der Bürger halten sich selbst verantwortlich für den Schutz der eigenen Daten im Internet. Deutschland liegt bei den digitalen Kompetenzen der Bevölkerung auf* **Platz 7** *in Europa.*

1.1 Social Bots in den sozialen Medien

Tobias Jetzke, Sonja Kind, Sebastian Weide

Souveränes Handeln, selbstbestimmt und ohne die Einmischung von anderen, muss im Zuge der Digitalisierung neu ausgehandelt und verteidigt werden. Dieser Beitrag geht der Frage nach, wie Social Bots bereits genutzt werden, welche Gefahren ein flächendeckender Einsatz für die digitale Souveränität birgt und wie darauf reagiert werden könnte, um letztendlich ein souveränes Handeln der Verwender von sozialen Netzwerken zu ermöglichen.[1]

Lebenswelten, die früher rein analog und im Privaten verortet waren, verlagern sich zunehmend ins Digitale und damit auf eine Metaebene, die teilweise im Öffentlichen und im Digitalen schwebt. Die neuen digitalen Lebenswelten realisieren sich vor allem in Gestalt sozialer Netzwerke. Nicht nur private Kommunikation, sondern zum Teil auch öffentliche Debatten, finden in Gruppen, Foren, Chats, auf virtuellen Pinnwänden oder durch Posten von Bildern auf Twitter oder Facebook statt.

Meist reicht ein Nutzerkonto, um Teil eines sozialen Netzwerks zu werden. Dieser leichte Zugang birgt jedoch die Gefahr des Missbrauchs und der Täuschung. Häufig lassen sich gefälschte Profile leicht anlegen. Darüber hinaus ist es inzwischen möglich, menschliche Gesprächspartner mit Programmen vorzutäuschen. Solche Social Bots können menschliches Verhalten nachahmen und sich zum Beispiel mit Foto und Biografie als echte Person tarnen. Und einmal installiert, verbreiten diese Maschinen weitgehend automatisch zu bestimmten Themen Informationen. Begünstigt wird der Einsatz von Social Bots dadurch, dass soziale Netzwerke eine Programmierschnittstelle haben, über die sich Funktionen der jeweiligen Plattform wie beispielsweise das Posten, Liken, Teilen[2] oder Löschen mittels externer Programme steuern lassen.

---

[1] *Dieser Artikel stützt sich im Wesentlichen auf die Ergebnisse und Erfahrungen einer Studie zum Thema Social Bots für das Büro für Technikfolgenabschätzung im Auftrag des Deutschen Bundestags (Kind et al. 2017).*

[2] *Die hier verwendeten Begriffe orientieren sich am Netzjargon. Posten meint das Veröffentlichen von Inhalten, Liken und Teilen, das Hervorheben und Sichtbarmachen von Inhalten für andere Nutzer.*

In Abgrenzung zu anderen Internetphänomenen, wie Assistenz-Bots[3], Spam-E-Mails[4], Trollen[5] oder Cyber-Angriffen[6], lassen sich Social Bots durch die Kombination dreier zentraler Merkmale charakterisieren:

- Es handelt sich bei Social Bots um einen in einer Software implementierten Algorithmus.

- Social Bots täuschen vor, ein Mensch zu sein.

- Social Bots versuchen, Einfluss auf die Meinungsbildung zu nehmen.

Eine eindeutige Begriffsklärung fällt schwer. Teilweise werden Social Bots differenziert und gelegentlich als Twitter Bots bezeichnet, wenn sie primär auf der Plattform Twitter aktiv sind (vgl. Dewey 2016; Kollanyi 2016, S. 4932), oder Political Bots genannt, wenn sie maßgeblich darauf angelegt sind, die öffentliche Meinung zu beeinflussen (vgl. Woolley und Howard 2016, S. 4882). Immer handelt es sich um Algorithmen, die als semi-automatisierte Agenten vordefinierte Aufgaben wahrnehmen können. Inwiefern unser Handeln in dieser digitalen Lebenswelt souverän ist oder nicht, hängt sicherlich weitgehend davon ab, ob wir auf Tarnungen und Täuschungen der Social Bots hereinfallen.

Im Kern bestehen Social Bots aus drei Elementen: den Benutzerkonten in sozialen Netzwerken, den Programmierschnittstellen sowie der in einer beliebigen Programmiersprache verfassten Software mit der Verhaltenslogik des Social Bots. Hinsichtlich ihres Zwecks sind Social Bots zunächst einmal neutral. Sie führen lediglich das aus, wozu Menschen sie zuvor programmiert haben. Tückisch sind Social Bots, weil sie menschliches Verhalten imitieren, um ihrem jeweiligen Gegenüber eine menschliche Identität vorzutäuschen (vgl. Bilton 2014; Fischer 2013; Fuchs 2016; Voß 2015; Woolley und Howard 2016, S. 4885). So getarnt, ist es Ziel dieser Technik, Menschen etwa in ihren Kaufentscheidungen zu beeinflussen oder deren politische Meinung zu manipulieren (vgl. Voß 2015; Weck 2016; Woolley und Howard 2016, S. 4882).

Bis heute konnte in der wissenschaftlichen Literatur nur eine überschaubare Anzahl von politisch motivierten Social Bots nachgewiesen werden. Zwei häufig genannte

---

[3]   *Bei Assistenz-Bots handelt es sich um Computerprogramme, die menschlichen Nutzern Assistenz anbieten. Ein typischer Anwendungsfall ist die Kaufberatung.*

[4]   *Spam-E-Mails sind an E-Mail-Adressen verschickte Nachrichten, die von den Eigentümern nicht erwünscht sind. Oft beinhalten sie Werbung oder betrügerische Aufforderungen.*

[5]   *Trolle sind menschliche Nutzer sozialer Medien, die mit ihren Kommentaren versuchen, Diskussionen zu lenken und zu polemisieren.*

[6]   *Unter Cyber-Angriffen kann der gezielte Angriff von IT-Infrastrukturen verstanden werden. Diese Angriffe finden nicht physisch, sondern über Netzwerke statt.*

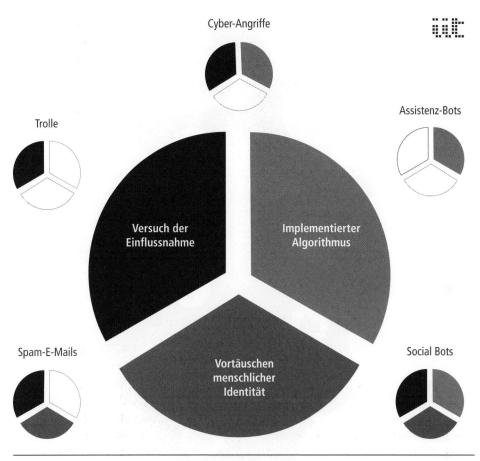

Abbildung 1.1.1: Abgrenzung der Social Bots von anderen Phänomenen: Social Bots eignen sich vollumfänglich zu Täuschungsmanövern.

Beispiele sind die Social-Bot-Einsätze während der Protestbewegungen in der Ukraine im Jahr 2014 sowie im Präsidentschaftswahlkampf in den USA 2016 (vgl. Bond et al. 2012; Hegelich 2016; Howard und Kollanyi 2016; Howard 2016; Kollanyi et al. 2016). In beiden Fällen wurden Twitter-Daten ausgewertet und jeweils ein beachtlicher Anstieg der Bot-Kommunikation zu bestimmten Themen nachgewiesen.

- Im belegten Fall von Social-Bot-Aktivitäten im Ukrainekonflikt wurden von 15.000 gefälschten Profilen 60.000 Tweets pro Tag abgesetzt (vgl. Hegelich 2016, S. 5). Damit konnten sie Kommunikationskanäle mit bestimmten Botschaften überschwemmen und gegenläufige Meinungen unterdrücken.

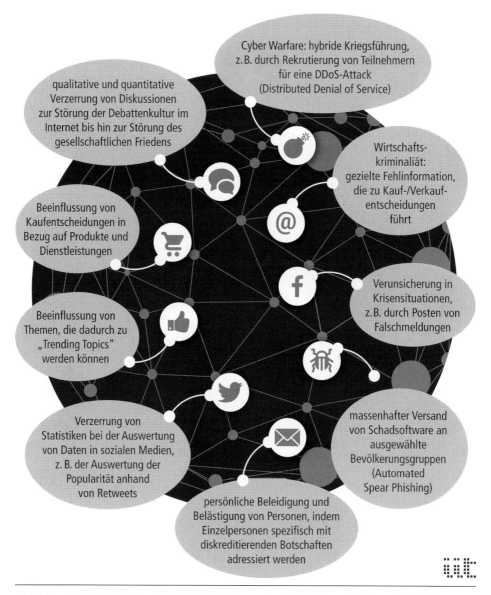

Abbildung 1.1.2: Aktivitäten / Social Bots können eine Vielzahl von Einflussmöglichkeiten ausüben

- In den USA konnte gezeigt werden, dass Social Bots fast 20 Prozent der Nachrichten auf Twitter im US-Präsidentschaftswahlkampf verbreitet haben. Hierbei produzierten etwa 400.000 Social Bots rund 3,8 Millionen Tweets (vgl. Bessi und Ferrara 2016). Allein 1,7 Millionen Tweets wurden während einer der TV-Debatten der Kandidaten von Bots generiert (vgl. Kelion und Shiroma 2016).

Dazu entwickelten beispielsweise Davis et al. (2016) Indikatorensysteme, die eine Wahrscheinlichkeitsberechnung erlauben, aus der sich ableiten lässt, ob ein Interaktionsmuster eher auf menschliches Nutzungsverhalten oder Social-Bot-Aktivitäten hindeutet. Diese Indikatorensysteme stehen auch weiterhin online zur Verfügung und werden kontinuierlich verbessert.

Wirkräume für Social Bots ergeben sich grundsätzlich in allen sozialen Netzwerken, die nutzerfreundliche und hürdenfrei zugängliche Programmierschnittstellen – sogenannte „Application Programming Interfaces" (API) – besitzen (vgl. Morstatter et al. 2013). Neben Twitter trifft dies besonders auf Instagram und Google+ zu.

Auch die Forschung ist auf diese von Social Bots genutzten leicht zugänglichen Schnittstellen angewiesen, um an Daten zu deren Aktivitäten zu gelangen. Deshalb legt die wissenschaftliche Analyse ihren Schwerpunkt auf Twitter. Somit müssen die hier erfassten Daten nicht gezwungenermaßen den tatsächlichen Fokus der Social-Bot-Aktivitäten im Internet widerspiegeln. Bislang gelang es den in dem Forschungsfeld aktiven Wissenschaftlern nicht, einen eindeutigen Nachweis über eine Wirkung der Bots zu erbringen (Beuth 2017). Ob also Social Bots tatsächlich die Hauptursache sind, wenn Nutzer sozialer Medien ihre politische Meinung ändern, bleibt deswegen noch ungeklärt.

Die Initiatoren und Urheber von Social Bots lassen sich bislang bis auf wenige Ausnahmen nicht identifizieren oder zurückverfolgen. Dies betrifft sowohl die Social Bots zur politischen Propaganda als auch jene für wirtschaftliche Zwecke. Mutmaßliche Initiatoren politisch motivierter Manipulationen sind Geheimdienste, Terrorgruppen, terroristisch motivierte Einzelpersonen, aber auch andere Akteure wie Unterstützer einer Partei in einem Wahlkampf.

Dementsprechend schwer ist es, rechtliche Schritte gegen Auftraggeber oder Programmierer von Social-Bot-Aktivitäten einzuleiten. Weder ist bislang der wissenschaftlich eindeutige Nachweis einer manipulativen Wirkung gelungen, noch sind die Einsatzfelder von Social Bots an Ländergrenzen gebunden, was die Durchsetzung nationalen Rechts fraglich macht. Strafrechtliche Maßnahmen sind ins Auge zu fassen, wenn mit einem Bot-Einsatz offen zu Straftaten aufgerufen wird, unsere freiheitlich demokratische Grundordnung angegriffen wird oder andere schädliche Auswirkungen für die Gesellschaft, wie die Förderung von Wirtschaftskriminalität oder etwa die Fälschung von Produktbewertungen, angestrebt werden.

Da jedoch nur in Ausnahmefällen damit zu rechnen sein dürfte, die international und von Drittländern aus agierenden Initiatoren von Social Bots zu identifizieren und rechtlich belangen zu können, scheint es aus heutiger Sicht viel sinnvoller und wirksamer zu sein, rechtliche Druckmittel gegenüber den Betreibern von Social-Media-Plattformen auszuüben.

Gegenwärtig sind sowohl mannigfache Bestrebungen zu technischen Weiterentwicklungen von Social Bots zu beobachten als auch eine zunehmende Sensibilisierung in Politik und Gesellschaft gegenüber deren Wirken.

In technischer Hinsicht profitieren Entwickler von Social Bots von den drei großen Treibern der Digitalisierung: Ausbau der Daten- und Kommunikationsnetze, Verfügbarkeit preiswerter Speicher und Zugang zu leistungsfähigen Rechenkapazitäten über Cloud Computing. Dadurch wird der Betrieb von Social Bots immer einfacher. Ferner werden Fortschritte im Bereich der Sprachanalyseprogramme eine verbesserte Kommunikationsfähigkeit der Social Bots ermöglichen. Und auch aufgrund der zunehmenden Verbreitung von Big-Data-Analysen und deren Verzahnung mit Sprachanalyseprogrammen wird eine immer bessere und flexiblere sprachliche Ausdrucksfähigkeit von Social Bots erwartet. Letztlich kann diese Entwicklung dazu führen, dass auch Personen mit gering ausgeprägten Programmier- und Informatikkenntnissen komplexe Social Bots entwickeln und einsetzen können.

Bisher hat sich auch die kurze und sprachlich einfache Form der Nachrichten, die über soziale Netzwerke ausgetauscht werden, begünstigend auf die technische Entwicklung von Social Bots ausgewirkt. Weil dort selten längere Dialoge geführt werden, lässt sich nur schwer erkennen, ob ein Mensch oder ein Bot Beiträge formuliert hat.

Die Betreiber sozialer Medien arbeiten an der Entwicklung von Enttarnungsmechanismen – setzen jedoch inzwischen auch selbst auf die Anwendung von Bots innerhalb von Messenger-Diensten wie Poncho von Facebook oder Allo von Google (vgl. Krause 2017). Mit diesen digitalen Assistenten wollen die Betreiber künftig ihre Kunden intensiver betreuen und Nutzer bei der Handhabung ihrer Plattformen beispielsweise so unterstützen, dass sie Hotelzimmer, Flüge, Kinokarten oder Blumen auswählen und kaufen können, ohne dafür die Umgebung des sozialen Netzwerks verlassen zu müssen. Ein Wechsel auf die jeweiligen Webseiten der Anbieter soll überflüssig werden. Anders als bei den genannten Social Bots handelt es sich hier jedoch um Bots, die sich als solche zu erkennen geben, deren Wirken als offensichtlich maschinelles Handeln leicht zu erfassen ist.

In den kommenden Jahren ist mit weiteren Sprüngen im Ausbau der Bot-Technologie zu rechnen. Eine maßgebliche Rolle spielt dabei die rasante Entwicklung im Bereich der künstlichen Intelligenz, die bislang nur rudimentär in die Programmierung von Social Bots eingeflossen ist (vgl. Guilbeault 2016, S. 5005), in Zukunft aber an Bedeutung gewinnen wird (vgl. Fuchs 2016). Da die Entwicklung künstlicher Intelligenz ebenfalls im Tätigkeitsspektrum digitaler Plattformunternehmen liegt, können diese Technologien künftig auch helfen, Social Bots zu enttarnen. Demzufolge ist zu erwarten, dass sich ein dynamisches Gleichgewicht zwischen der Entwicklung von Social Bots einerseits und entsprechenden Enttarnungssystemen andererseits ergeben wird.

Sowohl die Entwicklung von Social Bots als auch die von Gegenmaßnahmen ist in übergeordnete soziale und politische Richtungen eingebettet. So ist zu beobachten, dass sich politische Diskurse zunehmend in soziale Medien verlagern und dort häufig polarisiert geführt werden. Dies wiederum macht soziale Medien attraktiv für Manipulationsversuche und lädt zur Verbreitung politischer Propaganda ein. Unter der menschenähnlichen Tarnkappe von Social Bots hegen entsprechende Akteure die Absicht, Meinungen zu beeinflussen, um entweder erwünschte Ergebnisse zu unterstützen oder unerwünschte zu verhindern.

Hieraus folgt, dass manipulativ eingesetzte, vom Menschen nicht mehr unterscheidbare Social Bots die digitale Souveränität der Menschen untergraben. Wenngleich Enttarnungssysteme notwendig sind, ist gegenwärtig keine umfassend greifende technische Lösung des Problems in Sicht. Und da der Grad der Durchdringung und damit die Wirksamkeit bzw. Wirkmächtigkeit von Social Bots in Bezug auf die Wahrnehmung von Sachverhalten, den öffentlichen Diskurs oder auch demokratische Prozesse noch nicht abschließend geklärt sind, können auch die sich daraus ergebenden gesellschaftlichen Handlungsfelder nur vorläufiger Natur sein. Es zeichnet sich ab, dass individuelle Kompetenzen sowie öffentliche und wissenschaftliche Diskurse gefördert werden müssen, um den potenziellen Angriff von Social Bots auf die digitale Souveränität abzufedern. Gleichwohl könnte die Social-Bot-Technologie auch einen positiven Beitrag zur digitalen Souveränität leisten.

Handlungsempfehlungen

Social Bots sind nur ein Teil potenzieller Manipulationsmöglichkeiten im Internet. Sie existieren in einem komplexen Wirkungszusammenhang parallel zu anderen technischen und sozialen Phänomenen, die sich dynamisch entwickeln und eine differenzierte Auseinandersetzung erschweren. In Zeiten politischer und sozialer Transformationsprozesse sind jedoch belastbare Entscheidungsgrundlagen und verlässliche, rechtliche Rahmenbedingungen und Instrumente notwendig.

Öffentliche Diskurse fördern und Gremien für einen internationalen Umgang mit der Digitalisierung etablieren

Die wissenschaftliche Forschung, die Informationen für politische Entscheidungsprozesse vorhalten kann, wird eingeschränkt durch aktuell begrenzte Möglichkeiten, Daten der digitalen Plattformunternehmen einzusehen und auszuwerten. Hier gilt es, Rahmenbedingungen zu schaffen, die regulatorische und technische Aspekte umfassen und den Umgang zwischen wissenschaftlichen Interessen und den Interessen digitaler Plattformunternehmen regeln.

Um diese Rahmenbedingungen zu schaffen, ist die Einrichtung von Gremien und Institutionen erforderlich, die Akteure von Wirtschaft und Politik sowie Wissenschaft und Gesellschaft gleichermaßen einbeziehen. Dies ist schwierig, weil die Digitalisierung international, die Rechtsordnungen aber national sind. Denkbar sind innerhalb von global agierenden Gremien abgestimmte Konventionen und Standards, die einen Rahmen zum Umgang mit der Digitalisierung vorgeben und die nationalen Regulierungsbemühungen flankieren.

Das Ziel, sich international auf gemeinsame Richtlinien zu verständigen, würde große Anstrengungen der internationalen Staatengemeinschaft unter Einbindung der global agierenden Konzerne erfordern. Erste Schritte in diese Richtung sind im Rahmen der EU-Digitalcharta (vgl. ZEIT-Stiftung Ebelin und Gerd Bucerius) zu beobachten. Mit diesem Vorstoß, digitale Grundrechte zu formulieren, versucht die EU, ihren Bürgern Sicherheit im digitalen Zeitalter zu geben. Auch die Sphären, in denen Social Bots agieren, berührt die Charta implizit, beispielsweise im Kontext von künstlicher Intelligenz oder Datenschutz und Datensouveränität.

Medien- und informationstechnische Kompetenz in Zeiten von Social Bots und vorgetäuschten Nachrichten stärken

Für einen souveränen Umgang mit Propaganda oder Falschmeldungen ist es entscheidend, die Qualität und Zuverlässigkeit von Quellen zu kennen und über Grundkenntnisse informationstechnischer Zusammenhänge zu verfügen. Kinder, Jugendliche und Erwachsene sollten in ihrer Medienkompetenz im Sinne einer Digital Literacy gestärkt werden. Ein grundlegendes Verständnis informationstechnischer Funktionsweisen und kommunikativer Zusammenhänge – etwa wie Nachrichten zum Trend werden – gehört unbedingt in die Lehrpläne der schulischen Ausbildung und der Weiterbildungsangebote.

Da auch Mitarbeiter etablierter Medien im Rahmen ihrer journalistischen Tätigkeiten zunehmend auf Inhalte aus sozialen Medien zurückgreifen und so Bot-generierte Inhalte verbreiten und legitimieren können, ist es notwendig, derartige Quellen zu kontrollieren. Ähnlich wie die Herkunft von Bildmaterial auf Glaubwürdigkeit und Echtheit hin überprüft wird, muss dies auch für Twitter-Meldungen und andere potenziell automatisch generierte Inhalte gelten. Zudem sollte sich die Bewertung der Relevanz von Nachrichten oder der Popularität von Themen und Personen aufgrund der leichten Manipulierbarkeit nicht allein auf die in sozialen Medien typischen Indikatoren wie die Anzahl von Retweets oder Followern[7] stützen. Weil das Arbeitspensum wächst und Onlinemedien die Erwartungen an die Aktualität in die Höhe treiben, wird es für den professionellen Journalismus jedoch immer herausfordern-

---

[7] *Der Begriff Retweeten beschreibt im Jargon des sozialen Netzwerks Twitter ein Veröffentlichen von Inhalten von anderen Nutzern auf der eigenen Seite. Follower sind Personen, die dem eigenen Profil folgen, ähnlich einem Abonnement, das über Updates informiert.*

der, die notwendigen Qualitätsansprüche zu erfüllen; hier wären Mechanismen für Mindeststandards verbindlich einzuführen.

Wissenschaftlich-technische Arbeiten zur Enttarnung und Kennzeichnung fördern

Die skizzierten technischen Entwicklungslinien deuten darauf hin, dass Social Bots künftig immer besser menschliche Identitäten imitieren können. Sie sind aufgrund der verschwimmenden Grenzen zwischen realer und künstlicher Intelligenz kaum noch von menschlichen Akteuren in sozialen Netzwerken zu unterscheiden und werden damit auch immer schwerer zu enttarnen.

So sind Bemühungen erkennbar, einen aufgeklärten Umgang mit von Social Bots generierten und/oder massiv verbreiteten Falschmeldungen und deren Entlarvung zu fördern und zugleich der Eindämmung und Bekämpfung des Phänomens hohe Aufmerksamkeit zu schenken. Der bestehende Rechtsrahmen bietet jedoch keine Handhabe, um Social Bots und deren manipulativen Einsatz zu unterbinden. Einen international abgestimmten, regulativen Rahmen zu etablieren, ist kein kurzfristig erreichbares Ziel. Daher empfiehlt es sich, auch die technische Weiterentwicklung von Enttarnungs- und Kennzeichnungsmechanismen voranzutreiben. Es ist vorstellbar, dass die Integration neuer Technologien wie beispielsweise Blockchain[8] die Vergabe von eindeutigen Zertifikaten ermöglicht, um so digitale Inhalte eindeutig als von Menschen erstellt identifizieren zu können. Die Weiterentwicklung und Automatisierung derartiger Mechanismen kann im Zusammenspiel von digitalen Plattformunternehmen und wissenschaftlichen Akteuren gefördert werden.

Ausblick

Kommunikationsverhalten und Rezeption von Nachrichten haben sich durch das Internet in den vergangenen zwei Jahrzehnten gründlich verändert. Social Bots sind zwar ein potenzieller Faktor für die Manipulation mittels möglicher Verbreitung von Falschnachrichten. Sie sind jedoch gleichzeitig nur eine von vielen Manipulationsmechanismen, die im Kontext künstlicher Intelligenz, Big Data und personalisierter Ansprache neu entstehen.

Gleichwohl haben Social Bots das Potenzial, in den sozialen Medien die digitale Souveränität der dort kommunizierenden Menschen anzugreifen. Beispiele für ihren großflächigen Einsatz zum Zweck der Manipulation sind empirisch belegt. Bisher ermittelte Indizien legen ferner nahe, dass Social Bots die Meinung von Menschen beeinflussen können. Allerdings ließen sich bisher keine Nachweise über die Beein-

---

[8]   *Der Begriff Blockchain bezeichnet die kryptografische Verkettung von Datensätzen.*

flussbarkeit etwa auf der Ebene von psychologischen Experimenten erbringen und gestalten sich als schwer erbringbar.

Die Technologien, mit denen Social Bots arbeiten, sind überwiegend identisch mit denjenigen von Bots für positive Einsatzzwecke, wie den Chat Bots. Die Weiterentwicklung dieser Technologien eröffnet folglich nicht nur das Feld für manipulative Einsatzzwecke, sondern auch für wünschenswerte Aufgaben etwa im Kundendialog, in der medizinischen Betreuung oder in Lern-Dialog-Systemen. So ergibt sich für die Zukunft ein Spannungsfeld zwischen der Bekämpfung oder dem Bann von schädlichen Social Bots und dem sinnvollen, offenen Miteinander mit künstlichen Intelligenzen.

Literatur

Bessi, A.; Ferrara, E. (2016). Social bots distort the 2016 U.S. Presidential election online discussion. In: First Monday 21 (11). Verfügbar unter: https://doi.org/10.5210/fm. v21i11.7090, zuletzt zugegriffen am 21.07.2017.

Beuth, P. (2017). Social Bots: Furcht vor den neuen Wahlkampfmaschinen. In: ZEIT ONLINE, 23.01.2017. Verfügbar unter: www.zeit.de/digital/internet/2017-01/social-bots-bundes-tagswahl-twitter-studie/komplettansicht?print, zuletzt zugegriffen am 21.07.2017.

Bilton, N. (2014). Friends, and Influence, for Sale Online: There are several services that allow social media users to buy bots, which can make celebrities appear more popular and even influence political agendas. In: The New York Times, 20.04.2014. Verfügbar unter: http://bits.blogs.nytimes.com/2014/04/20/friends-and-influence-for-sale-online/?_r=, zuletzt zugegriffen am 21.07.2017.

Bond, R. M.; Fariss, C. J.; Jones, J. J.; Kramer, A. D. I.; Marlow, C.; Settle, J. E. (2012). A 61-million-person experiment in social influence and political mobilization. In: Nature (489), S. 295–298. Verfügbar unter: www.nature.com/articles/nature11421.epdf, zuletzt zugegriffen am 21.07.2017.

Davis, C. A.; Varol, O.; Ferrara, E.; Flammini, A.; Menczer, F. (2016). BotOrNot. A System to Evaluate Social Bots. In: Proceedings of the 25th International Conference Companion on World Wide Web. International World Wide Web Conferences Steering Committee, S. 273–274.

Dewey, C. (2016). One in four debate tweets comes from a bot. Here's how to spot them. In: Washington Post, 19.10.2016. Verfügbar unter: www.washingtonpost.com/news/the-intersect/wp/2016/10/19/one-in-four-debate-tweets-comes-from-a-bot-heres-how-to-spot-them, zuletzt zugegriffen am 21.07.2017.

Fischer, F. (2013). Twitter-Bots. Ferngesteuerte Meinungsmache. In: ZEIT ONLINE, 25.05.2013. Verfügbar unter: www.zeit.de/digital/internet/2013-05/twitter-social-bots, zuletzt zugegriffen am 21.07.2017.

Fuchs, M. (2016). Automatisierte Trolle. Warum Social Bots unsere Demokratie gefährden. In: Neue Zürcher Zeitung, 12.09.2016. Verfügbar unter: www.nzz.ch/digital/automatisierte-trolle-warum-social-bots-unsere-demokratie-gefaehrden-ld.116166, zuletzt zugegriffen am 21.07.2017.

Guilbeault, D. (2016). Growing Bot Security: An Ecological View of Bot Agency. In: International Journal of Communication (10), S. 5003–5021. Verfügbar unter: http://ijoc.org/index.php/ijoc/article/download/6135/1810, zuletzt zugegriffen am 20.07.2017.

Hegelich, S. (2016). Invasion der Meinungs-Roboter. Konrad-Adenauer-Stiftung. Konrad-Adenauer-Stiftung (Hrsg.). Verfügbar unter: www.kas.de/wf/doc/kas_46486-544-1-30.pdf?161222122757, zuletzt zugegriffen am 21.07.2017.

Howard, P. N. (2016). Pro-Clinton bots 'fought back but outnumbered in second debate'. Verfügbar unter: http://philhoward.org/pro-clinton-bots-fought-back-but-outnumbered-in-second-debate, zuletzt zugegriffen am 21.07.2017.

Howard, P. N.; Kollanyi, B. (2016). #Strongerin, and #Brexit: Computational Propaganda During the UK-EU Referendum. Verfügbar unter: https://ssrn.com/abstract=2798311, zuletzt zugegriffen am 28.08.2017.

Kelion, L.; Shiroma, S. (2016). Pro-Clinton bots 'fought back but outnumbered in second debate'. In: BBC News, 19.10.2016. Verfügbar unter: www.bbc.com/news/technology-37703565, zuletzt zugegriffen am 21.07.2017.

Kind, S.; Jetzke, T.; Ehrenberg-Silies, S.; Bovenschulte, M.; Weide, S. (2017). Social Bots. TA-Vorstudie. Das Büro für Technikfolgen-Abschätzung beim Deutschen Bundestag (Hrsg.). Verfügbar unter: www.tab-beim-bundestag.de/de/aktuelles/20161219/Social%20Bots_Thesenpapier.pdf, zuletzt zugegriffen am 21.07.2017.

Kollanyi, B. (2016). Where Do Bots Come From? An Analysis of Bot Codes Shared on GitHub. In: International Journal of Communication (10), S. 4932–4951. Verfügbar unter: http://comprop.oii.ox.ac.uk/wp-content/uploads/sites/89/2016/10/Kollanyi.pdf, zuletzt zugegriffen am 21.07.2017.

Kollanyi, B.; Howard, P. N.; Woolley, S. C. (2016). Bots and Automation over Twitter during the Third U.S. Presidential Debate. DATA MEMO: 3. Verfügbar unter: http://comprop.oii.ox.ac.uk/wp-content/uploads/sites/89/2016/10/Data-Memo-Third-Presidential-Debate.pdf, zuletzt zugegriffen am 21.07.2017.

Krause, S. (2017). Pro und Contra Meinungsroboter. Gute Bots, schlechte Bots. In: Tagesspiegel, 28.01.2017. Verfügbar unter: www.tagesspiegel.de/medien/pro-und-contra-meinungsroboter-gute-bots-schlechte-bots/19314790.html, zuletzt zugegriffen am 21.07.2017.

Morstatter, F.; Pfeffer, J.; Liu, H.; Carley, K. M. (2013). Is the Sample Good Enough? Comparing Data from Twitter's Streaming API with Twitter's Firehose. Verfügbar unter: https://arxiv.org/pdf/1306.5204v1.pdf, zuletzt zugegriffen am 21.07.2017.

Voß, J. (2015). Der Feind in meinem Netzwerk: Social Bots. In: politik-digital.de, 03.02.2015. Verfügbar unter: http://politik-digital.de/news/der-feind-in-meinem-netzwerk-social-bots-144563, zuletzt zugegriffen am 21.07.2017.

Weck, A. (2016). Wie Social-Media-Trends durch Bots manipuliert werden. t3n (Hrsg.). Verfügbar unter: http://t3n.de/news/social-media-trends-bots-694529, zuletzt zugegriffen am 21.07.2017.

Woolley, S. C.; Howard, P. N. (2016). Political Communication, Computational Propaganda, and Autonomous Agents. In: International Journal of Communication (10), S. 4882–4890. Verfügbar unter: http://comprop.oii.ox.ac.uk/wp-content/uploads/sites/89/2016/10/WoolleyHoward.pdf, zuletzt zugegriffen am 21.07.2017.

ZEIT-Stiftung Ebelin und Gerd Bucerius (Hrsg.). Wir fordern Digitale Grundrechte. Charta der Digitalen Grundrechte der Europäischen Union. Verfügbar unter: http://digitalcharta.eu, zuletzt zugegriffen am 21.07.2017.

1.2 Digitale Partizipation in Wissenschaft und Wirtschaft

Jan-Peter Ferdinand, Stephan Richter, Sebastian von Engelhardt

Durch digitale Technologien können sich Individuen umfassend und niedrigschwellig zu themenspezifischen Gruppen und Gemeinschaften vernetzen. Neue Muster sozialer Interaktion und Teilhabe prägen immer stärker die Kommunikation in der Gesellschaft. Ziel dieses Beitrags ist es, an aktuellen Beispielen zu beschreiben, welche Muster digitaler Partizipation sich in Wissenschaft und Wirtschaft beobachten lassen und welche gesellschaftlichen Implikationen damit einhergehen.

Bereits seit Beginn der post-industriellen Ära ist der Zugang zu Daten, Informationen und Wissen der Motor der gesellschaftlichen Weiterentwicklung (vgl. Bell 1976), doch mit der gegenwärtig stattfindenden umfassenden Digitalisierung und Vernetzung ist deren Bedeutung noch weiter gewachsen (vgl. Castells 2009). In den gesellschaftlichen Teilbereichen von Wissenschaft und Wirtschaft sind die Effekte dieser Entwicklung am offensichtlichsten: Ein Großteil der ökonomischen Wertschöpfung findet mittlerweile in der Informationssphäre statt, und die jüngsten wissenschaftlichen Durchbrüche in Bereichen wie Genetik oder künstlicher Intelligenz wurden erst dadurch möglich, dass große und komplexe Datenmengen digital gesammelt und verarbeitet werden können.

Die Digitalisierung hat die Prozesse der Erzeugung und Vermittlung von Wissen erweitert. Durch sie lassen sich auf neue Art Informationen gewinnen, und es wirken Menschen mit, die zuvor keinen Anteil an wirtschaftlicher und wissenschaftlicher Wissenserzeugung hatten. Somit entstehen mit dem digitalen Wandel partizipative, gemeinschaftsbasierte Innovations- und Produktionsprozesse, deren Ergebnisse sich in Beispielen wie dem Internetlexikon Wikipedia oder diversen Open-Source-Software-Projekten zeigen. Das Open-Source-Betriebssystem Linux etwa steuert mittlerweile die wichtigsten Börsen der Welt, fast alle Supercomputer und unzählige Unterhaltungselektronikgeräte (vgl. Thommes 2016; Linux Foundation 2017).

Den gemeinsamen Nenner für die hier diskutierten Konzepte digitaler Partizipation bildet die Öffnung und Dezentralisierung der Informationsverarbeitung und Wissenserzeugung für heterogene Gruppen, die Experten genauso einschließt wie interessierte Bürger und Laien. Folglich ist die Wissensbasis für den angestrebten Partizipationsprozess höchst uneinheitlich, sodass das Ziel methodisch nur nach dem Bottom-up-Prinzip, also von bestimmten Detailfragen ausgehend schrittweise über immer umfassendere Strukturen, zu erreichen ist. In diesem Zusammenhang bilden digitale

Plattformen die technologische Infrastruktur, durch die sich die verteilten Beiträge kanalisieren und die „Macht der Vielen" bündeln lässt (Shirky 2009; Reichert 2013).

Wenn Daten nicht individuell erhoben und verarbeitet werden, sondern im Zusammenhang der partizipativen Wertschöpfung, weicht der Grad der direkten Selbstbestimmung der Gemeinschaftsaufgabe, den Zugang zu gemeinsamen Ressourcen möglichst offen zu gestalten und einen Nutzen für alle Beteiligten sicherzustellen. Die Frage der digitalen Souveränität stellt sich dabei vor allem bei der Verwertung kollektiv erzeugter Wissensbestände. In der Praxis kommt es hier jedoch häufig zu Problemen. Eine drängende Herausforderung ist, die Zugriffs- und Verfügungsrechte,

Abbildung 1.2.1: Damit ein Licht aufgehen kann: Beim „Wissen der Vielen" gilt es, methodisch über digitale Plattformen Wissen zusammenzuführen.

die einzelne Teilnehmer dezentraler Wertschöpfungsprozesse an der Nutzung und Verwertung ihrer Beiträge haben, zu organisieren.

Digitale Partizipation in der Wirtschaft

Im Zuge der Digitalisierung haben sich verschiedene offene, informelle und gemeinschaftsbasierte Strukturen herausgebildet, die Prinzipien freiwilliger digitaler Partizipation aufnehmen und in konkrete Wertschöpfungszusammenhänge überführen. Allen gemein ist, dass sie sich auch auf Bereiche ausdehnen, die Unternehmen zuvor für geschützte, proprietäre Angebote zur Verfügung standen. Umfang und Eingriffstiefe der dezentralen Partizipation können sich je nach Anwendungskontext unterscheiden: Während es bei Open Innovation oder User Innovation (Chesbrough 2003; Hippel 2005) darum geht, bei der Entwicklung neuartiger Produkte und Dienstleistungen auch auf firmenexternes Know-how zu zählen und es mit einzubeziehen, werden in den Ausprägungen der Bottom-up-Ökonomie (Redlich und Wulfsberg 2011) teilweise komplette Wertschöpfungsprozesse dezentral ohne die Beteiligung etablierter Unternehmen umgesetzt.

Bei den im Folgenden beschriebenen Prozessen handelt es sich um eine freiwillige und bewusste Partizipation souveräner Akteure. Daneben darf nicht übersehen werden, dass im Wirtschaftsgeschehen häufig auch eine unfreiwillige Partizipation von Anwendern eingefordert wird. Beispielsweise trainieren Nutzer meist unwissentlich (und unentgeltlich) bei der gängigen Übermittlung von chiffrierten Informationen aus Bildern zur Verifizierung einer Password-ID die künstliche Intelligenz von Bilderkennungssoftware. Auch die in den allgemeinen Geschäftsbedingungen zur Anwendung von Software häufig standardmäßig vorgesehene Freigabe von Daten zum Nutzerverhalten gehört wohl in der Mehrzahl der Fälle in die Kategorie unfreiwillige digitale Partizipation.

Offene und verteilte Innovationsprozesse

Bezogen auf die Bildung neuen Wissens sorgen in Unternehmen eingegliederte Forschungs- und Entwicklungsabteilungen für die traditionell etablierte Innovation in der Wirtschaft (vgl. Freeman und Soete 1997). Vor allem in wissensintensiven Industriebranchen wie Biotechnologie, Informations- und Kommunikationstechnologie, Halbleitertechnologie oder etwa auch Chemie hat sich der Hauptfokus spätestens in den 1990er Jahren von der organisationsinternen Perspektive hin zu dezentralen und vernetzten Modi innovativen Handelns verschoben (vgl. Powell et al. 1996). Im Zuge umfassender digitaler Vernetzung verteilen sich Innovationsprozesse in jüngerer Vergangenheit noch umfassender und schließen zunehmend auch potenzielle Kunden und Nutzer mit ein. Open Innovation fasst in dieser Hinsicht eine Reihe verschiedener Ansätze offener und verteilter Innovation zusammen – gewissermaßen als Antithese zur geschlossen linearen Entwicklung neuartiger Produkte und Dienstleistungen (vgl. West et al. 2006).

Der Kern des Konzepts besteht darin, unternehmensexterne Innovationsimpulse in interne Forschungs- und Entwicklungsprozesse zu integrieren und über diese Form der Einbindung die Produkt- und Serviceinnovation unmittelbarer an die Bedürfnisse potenzieller Anwender zu knüpfen. Als Quelle für externe Impulse stehen entweder sogenannte Lead User oder auch Forschergemeinschaften (innovation communities) im Fokus. Sie eilen den Bedürfnissen des Massenmarktes voraus oder setzen sich besonders intensiv mit bestimmten Produkten und deren Nutzung auseinander (vgl. Hippel 2006). Beispiele für die positiven Effekte offener und partizipativer Innovationsprozesse sind etwa die funktionale Weiterentwicklung von Microsofts Spielkonsole Xbox und deren Bewegungssensor oder Legos Open Innovation Plattform. Auf der Konsole können Nutzer Ideen für Bausätze entwickeln und bewerten. Dazu gehören auch verschiedene gemeinschaftsbasierte Entwicklungen von Sportgeräten, die anschließend von kommerziellen Herstellern aufgegriffen wurden (vgl. Franke und Shah 2003; Brinks und Ibert 2015).

Die möglichkeitserweiternden Effekte der Digitalisierung auf offene und verteilte Innovationsprozesse zeigen sich in besonderem Maße im sogenannten Crowdsourcing. Solche Crowds setzen sich aus unterschiedlichen, nicht direkt miteinander interagierenden Menschen zusammen, die auf Basis ihrer unterschiedlichen Kompetenzen und Hintergründe an gemeinsamen Projekten arbeiten (vgl. Ehrenberg-Silies et al. 2014). Die Koordination der individuellen Beiträge aus einer solchen verteilten Arbeitsgruppe, der Crowd, erfolgt über digitale Plattformen, um damit die Einzelziele auf ein gemeinsames Gesamtziel eines solchen partizipativen Prozesses auszurichten und die Arbeiten zu kanalisieren (vgl. Tapscott und Williams 2009; Al-Ani 2013).

Ein konkretes Beispiel für digitale Partizipation und die Verschränkung von Crowds, potenziellen Nutzern und Herstellern im Innovationsprozess ist das Berliner Unternehmen Jovoto[9]. Das Startup hat dazu eine gleichnamige Web-Plattform etabliert, die als Online-Marktplatz für kreative Leistungen und Ideen funktioniert und mehr als 80.000 Designer, Programmierer, Texter, Grafiker usw. beherbergt (vgl. Gründerszene.de 2010). Unternehmen wie Henkel, Coca Cola oder die Deutsche Bank nutzen diese Plattform. Das Geschäftsmodell von Jovoto basiert auf dem Angebot, potenziellen Kunden den Zugang zu dieser kreativen Crowd zu ermöglichen. Unternehmen wie Henkel, Coca-Cola oder die Deutsche Bank nutzen diesen Zugang, um konkrete Aufgaben (Challenges) auf der Plattform mit dem Ziel zu lancieren, einen schnellen, kollaborativen und offenen Innovationsprozess auszulösen. Da jedes

---

[9] *Siehe hierzu: www.jovoto.com*

Unternehmen, das Aufgaben in Auftrag gibt, auch Preisgelder für die besten entstandenen Ideen vergibt, gelten die Arbeitsbedingungen für Crowd-Mitarbeiter im
Fall von Jovoto als fair (vgl. FairCrowdWork Watch 2015). Jovoto ist kein Einzelfall.
Ein vergleichbares Angebot realisiert unter anderem das Schweizer Startup-Unter-
nehmen Atizo[10].

Dezentrale Wertschöpfung

In der Marktwirtschaft erfolgt Wertschöpfung typischerweise durch private Unternehmen, die mit ihren Produkten oder Dienstleistungen um Marktchancen konkur-
rieren. Die alles umfassende Digitalisierung verändert jetzt die Wettbewerbsbedin-
gungen. Neue Akteure klinken sich in Wertschöpfungsketten ein und stellen traditionelle Geschäftsmodelle auf die Probe. Das Konzept einer Bottom-up-Ökonomie
nimmt dabei Gestalt an. Es beschreibt jene Produktions- und Vermarktungsmuster,
die sich ohne die unmittelbare Beteiligung von traditionellen Unternehmen herausbildet – allein basierend auf Kooperationen einzelner Personen, Gruppen oder verteilter Gemeinschaften (vgl. Redlich und Wulfsberg 2011).

Am deutlichsten zeigt sich dieser neue Geschäftstyp bei der Herstellung medialer
Inhalte wie beispielsweise Nachrichten, Blogs, Podcasts oder ähnlichen Contents im
Internet (Web 2.0). Die Akteure, die im Rahmen sozialer Netzwerke, Wikis oder Dis-
kussionsforen an der gemeinschaftlichen Ausgestaltung der digitalen Inhalte und
Formate mitwirken, tun dies in den meisten Fällen als Amateure. Das bedeutet nicht,
dass ihnen inhaltliche Kompetenzen oder gar Professionalität fehlten. Der Amateur-
Status verdeutlicht lediglich, dass Arbeit nicht direkt monetär entlohnt wird (vgl.
Shirky 2009). Dementsprechend stellen die Amateure Inhalte oft unentgeltlich zur
Verfügung, was den Wettbewerbsdruck bei kommerziellen Anbietern zusätzlich
erhöht.

Ein Anwendungsfeld, in dem die Prinzipien der Bottom-up-Ökonomie idealtypisch
umgesetzt werden, ist die Entwicklung von Open-Source-Software. Im Unterschied
zur Herstellung und Kommunikation medialer Inhalte, die eingebettet in digitale
Communities zumeist das Ergebnis individueller Handlungen sind, werden Open-
Source-Software-Vorhaben primär in Kollaboration zwischen vielen Akteuren entwickelt, was einen ungleich höheren Koordinationsaufwand mit sich bringt. Netzwerke im Open-Source-Kontext konstituieren sich über ein gemeinsames Interesse
an der zu entwickelnden Software sowie über die von allen geteilten normativen
Vorstellungen zu Entstehungs- und Verwertungszusammenhängen. Dass Offenheit
dabei Wert und Norm zugleich ist, manifestiert sich in dem Grundsatz, dass Open-
Source-Software als Gemeingut gehandhabt wird und durch eine spezifische Form

---

[10] *Siehe hierzu: www.atizo.com*

der Zugangs- und Nutzungsregulierung über Open-Source- oder Creative-Commons-Lizenzen keinen zentralen Besitz- und Kontrollansprüchen unterliegt (vgl. Benkler 2006; Lessig 2006).

Obwohl Open-Source-Software das Ergebnis nicht-professioneller Arbeit eines Kollektivs aus informell beteiligten Akteuren darstellt, ist sie hinsichtlich ihres Innovationsgrades, ihrer Qualität und Verlässlichkeit im Vergleich zu kommerziell entwickelten Lösungen in einer Vielzahl von Fällen zumindest konkurrenzfähig. Gerade die populären Beispiele für Open-Source-Software wie der Firefox Browser, das GNU/Linux-Betriebssystem oder die Apache-Webserver genießen in Anwenderkreisen sogar einen besonders guten Ruf, da sich beispielsweise aus der Offenheit der Software ein hohes Maß an Transparenz ergibt und etwaige Fehler in der Entwicklung wegen der flexiblen Organisationsstruktur und der situativen Bündelung kollektiver Problemlösungskapazitäten relativ schnell behoben werden können.

Durch den niedrigschwelligen und vergleichsweise günstigen Zugang zu Technologiebauteilen wie Sensoren, Prozessoren oder Mikrocontrollern erweitert sich jetzt der Möglichkeitsraum für dezentrale Wertschöpfung stärker in die dingliche Welt. Diese Entwicklungen verdichten sich anschaulich bei der Produktion von Open-Source-Hardware und den dabei erkennbaren Umsetzungsmustern des sogenannten Maker Movements[11], das allgemein als Kultur des Selbermachens (Do-It-Yourself-Bewegung) unter Einsatz fortgeschrittener Technik beschrieben werden kann (vgl. Anderson 2010; Petschow et al. 2014). Maker eignen sich neue Produktionstechnologien an, um mit eigenen Mitteln neuartige Lösungen für technische Probleme zu finden. Da darüber hinaus sowohl das so generierte Prozesswissen als auch alle relevanten Informationen zu den entwickelten Lösungen (Baupläne, Materiallisten) typischerweise als frei verfügbare Ressource geteilt werden, entstehen aus dem Dreiklang Make – Learn – Share (vgl. Hatch 2014) übergreifende Muster dezentraler und personalisierter Produktion, die in der Wirtschaft kontinuierlich an Bedeutung gewinnen (vgl. Ferdinand und Bovenschulte 2017).

Besonders deutlich zeigen sich solchermaßen selbst verstärkende Effekte am Beispiel der Entwicklung von 3D-Druckern für den privaten Gebrauch. Die Ursprünge der Geräte liegen im RepRap-Project der Universität Bath in Großbritannien, dessen Ziel es war, einen 3D-Drucker zu entwickeln, der den Großteil seiner Bauteile (sowie andere physische Gegenstände) selbst reproduzieren kann. Das Motiv der Replikation beschränkte sich dabei von Anfang an nicht auf den unmittelbaren Herstellungszusammenhang des 3D-Druckers, sondern auch auf die Multiplikation der Projektidee innerhalb einer sukzessiv wachsenden Maker-Gemeinschaft (vgl. Ferdinand et al.

---

[11] *Siehe hierzu: http://makerfaire.com/maker-movement*

2016). Diese hat geteilten Zugriff auf alle produktionsrelevanten Informationen, die unter Open-Source-Lizenzen öffentlich zur Verfügung gestellt werden. Ähnlich wie die software-basierten Beispiele von Linux oder Apache haben sich auch aus der RepRap-Community heraus neue Marktchancen entwickelt, die durch sich professionalisierende Akteure aus der Gemeinschaft aufgegriffen wurden. Infolge der zunehmenden ökonomischen Bedeutung des 3D-Drucks in nicht-professionellen Anwenderkontexten lässt sich an diesem Beispiel jedoch auch beobachten, wie schwer es für Gemeinschaften werden kann, ihre dezentralen, offenen und partizipativen Herstellungsmuster bei einem ansteigenden kommerziellen Interesse aufrecht zu erhalten. So hatte die RepRap-Community insbesondere damit zu kämpfen, dass einige der daraus ausgegründeten Unternehmen ab einem bestimmten Punkt keine Informationen zu ihren Druckern mehr geteilt haben und dadurch der sich selbst verstärkende Wissensfluss unterbrochen wurde (vgl. Tech et al. 2016).

Digitale Partizipation in der Wissenschaft

In der Wissenschaft lassen sich ähnlich den beschriebenen Effekten digitaler Partizipation Veränderungen beobachten. Die Schlagworte Open Science und Citizen Science beschreiben, wie die wissenschaftliche Community und Zivilgesellschaft gleichermaßen am digitalen Wandel der Wissenschaft teilhaben und diesen gemeinsam gestalten.

Open Science

Die zunehmende Digitalisierung ist Triebfeder dafür, dass sich die Praxis von Wissenschaft und Forschung, wie sie noch bis vor Kurzem gang und gäbe war, mehr und mehr einem systemischen Wandel unterzieht. So ändern sich die üblichen Praktiken der Publikation von Forschungsergebnissen rapide hin zu einem offenen, frei zugänglichen Publikationsmodell. Dabei werden verfügbare Erkenntnisse oftmals in einem früheren Stadium des Forschungsprozesses kommuniziert und nicht nur angehäufte Ergebnisse zum Abschluss eines Projektes. Auch die zugrundeliegenden Daten werden von den Wissenschaftlern bei Open Science, dieser sich verbreitenden Veröffentlichungsmethode, zugänglich gemacht. Open Science ist geprägt von den neuen Möglichkeiten der Verbreitung von Wissen auf Basis digitaler Technologien und neuen kollaborativen Werkzeugen (vgl. Europäische Kommission 2016, S. 33ff.).

Eine Grundvoraussetzung für die Umsetzung von Open Science ist Open Access. Dahinter verbirgt sich der Gedanke, wissenschaftliche Erkenntnisse und Daten über das Internet zeit- und ortsunabhängig offen zugänglich, nachvollziehbar und nachnutzbar zu machen, und zwar unentgeltlich (vgl. UNESCO 2007, S. 18f.). Eine radikale Umsetzung von Open Access auf internationaler Ebene würde es Interessierten aus Wissenschaft und Gesellschaft, aus Wirtschaft und Politik ermöglichen, auf jegliche publizierte wissenschaftliche Erkenntnisse und Daten zugreifen zu können, ohne finanzielle, gesetzliche oder technische Barrieren überwinden zu müssen.

In Deutschland, und zum Teil auf internationaler Ebene, ist die Umsetzung von Open-Access-Strategien maßgeblich durch die Berliner Erklärung über offenen Zugang zu wissenschaftlichem Wissen geprägt. Mehr als 550 deutsche und internationale Organisationen haben bisher die Berliner Erklärung unterzeichnet – Tendenz steigend (vgl. BMBF 2016, S. 5). Eine Veröffentlichung in diesem Sinne umfasst neben dem klassischen Fachartikel auch alle zugehörigen Begleitmaterialien: „Open access contributions include original scientific research results, raw data and metadata, source materials, digital representations of pictorial and graphical materials and scholarly multimedia material." (MPG 2003)

In Anlehnung an die Berliner Erklärung und der Budapest Open Access Initiative (vgl. Chan et al. 2002) haben sich in der Praxis zwei Open-Access-Modelle herausgebildet:

• Beim Grünen Weg des Open Access werden wissenschaftliche Erkenntnisse „klassisch" in einem analogen Print-Format veröffentlicht und parallel oder nach Ablauf einer Embargofrist in einer frei zugänglichen Onlinedatenbank zugänglich gemacht.

• Beim Goldenen Weg des Open Access werden wissenschaftliche Erkenntnisse unmittelbar in einem Open-Access-Medium, in der Regel einer Open-Access-Zeitschrift, publiziert.

Um einen Austausch und eine interdisziplinäre Partizipation zu ermöglichen, kann zudem der Weg über Plattformen, Blogs und Diskussionsforen gewählt werden.

Open-Science-Initiativen finden in der wissenschaftlichen Community großen Zuspruch. In einer Umfrage befürworteten 89 Prozent der befragten Wissenschaftler in Deutschland Open Access und hielten den freien Zugang zu Literatur als förderlich für ihr Forschungsfeld (vgl. BMBF 2016, S. 8). Diese Ergebnisse reflektieren auch das Engagement großer deutscher Wissenschaftsorganisationen, die sich für Open Access einsetzen. So hat beispielsweise die Helmholtz-Gemeinschaft erklärt, bis 2020 mindestens 60 Prozent und bis 2025 alle ihre Fachartikel im Open-Access-Format zu publizieren (vgl. BMBF 2016, S. 6). In der 2016 veröffentlichten Open-Access-Richtlinie der Helmholtz-Gemeinschaft ist vorgesehen, dass Publikationen in den Naturwissenschaften spätestens nach sechs Monaten und in den Geistes- und Sozialwissenschaften spätestens nach zwölf Monaten kostenfrei zugänglich gemacht werden sollen (vgl. HGF 2016).

Citizen Science

Citizen Science ist eine neue, offene Wissenschaftsform, die insbesondere durch die Beteiligung von Bürgern, also von Laien, an der wissenschaftlichen Arbeit gekennzeichnet ist. Während die Wurzeln von Citizen Science im angelsächsischen Raum liegen, ist diese Wissenschaftsform inzwischen europaweit stark strategisch und politisch motiviert, wie sich an den aktuellen Initiativen ausgehend von politischen Institutionen zeigt. Hierzu zählen etwa die Europäische Kommission, The European Economic Area (EEA) und das Bundesministerium für Bildung und Forschung (BMBF). In den vergangenen zwei bis drei Jahren hat Citizen Science auf zahlreichen institutionellen Ebenen immense Aufmerksamkeit erfahren. Dies spiegelt sich auch in der Anzahl der veröffentlichten Fachartikel wider: Während zwischen 2005 und 2009 jährlich weniger als 20 Fachartikel pro Jahr veröffentlicht wurden, ist die Anzahl der Publikationen zwischen 2010 und 2015 von 34 auf 287 Artikel stark gestiegen (vgl. Frederking et al. 2016, S. 2).

Citizen Science, also die Einbeziehung von Bürgern in die wissenschaftliche Arbeit, hat vor allem im Umweltbereich schon eine längere Tradition. Dies schlägt sich auch in der Publikationsstärke der jeweiligen Fachrichtungen nieder: Vor allem sind die Umweltwissenschaften, die Biologie, die Ökologie und der Naturschutz sowie deren angegliederte Fachbereiche vertreten (vgl. Frederking et al. 2016, S. 5f).

Seit Beginn des 20. Jahrhunderts werden insbesondere in der Biologie und im Naturschutz Freiwillige für das Zählen von Tieren und Pflanzen, die langfristige Datensammlung sowie das Kartografieren von Tier- und Pflanzenarten oder Ökosystemen eingesetzt. Das älteste derartige Projekt begann im Jahr 1900, als die National Audubon Society in den USA zu einer allgemeinen Vogelzählung zu Weihnachten aufrief, den Christmas Bird Count. Was mit 27 Teilnehmenden begann, führte zu einer Langzeitdatenreihe, an der mittlerweile mehr als 50.000 Personen in 17 Ländern Jahr für Jahr teilnehmen. Sie erfasst rund um den Globus die Artenvielfalt und deren Veränderung (vgl. Frederking et al. 2016, S. 6). Im Umweltbereich sind die Einsatzmöglichkeiten von Citizen Science vielfältig, wenngleich die meisten Projekte einen Bezug zur Biologie und hier vor allem zur Biodiversität aufweisen. Dies ist darauf zurückzuführen, dass auf diesem Gebiet der Bedarf an Helfern für die umfangreichen und zeitaufwendigen Kartierungsaufgaben am größten ist und dass eine solche Unterstützung für die Wissenschaft einen erheblichen Mehrwert bringt.

Generell kann festgehalten werden, dass die große Mehrheit der Projekte entsprechend der Art der Beteiligung als kollaborative Projekte einzustufen ist. Das heißt, die Citizen Scientists nehmen aktiv an der Datenerhebung und -weiterleitung teil, jedoch nicht bei der Entwicklung der Forschungsfrage und des Untersuchungsdesigns. Dies könnte sich durch den Einfluss digitaler Technologien wie Smartphones, Apps und Wearables künftig ändern. Schon heute werden auf Basis dieser Technologien in

Citizen-Science-Projekten Daten auf der Ebene des Individuums und der Community erhoben, ausgewertet und dargestellt. Bürger könnten künftig nicht nur zum Datensammeln eingebunden sein, sondern darüber hinaus in Echtzeit die Ergebnisse in Form von Infografiken abrufen. So könnten etwa „unsichtbare Emissionen" wie kleinste Feinstaubpartikel erfasst und deren Auswirkungen auf die Vitalparameter untersucht und abgeleitet werden.

Dieser Weg könnte Bürgern künftig zu stärkerer Partizipation an der gesellschaftlichen und politischen Gestaltung von Prozessen verhelfen, da ein Zusammenhang zwischen Umweltzuständen und persönlicher Betroffenheit erfahrbar wird. Die Verbreitung von Smartphones und Wearables ist hoch und steigt stetig, sodass sich eine hervorragende Infrastruktur herausbildet, die im Rahmen von Citizen Science genutzt werden kann. Es müssen jedoch zwei wichtige Randbedingungen erfüllt werden: der nachhaltige, nachvollziehbare Umgang mit den (persönlichen) Daten und die Reproduzierbarkeit der Messungen.

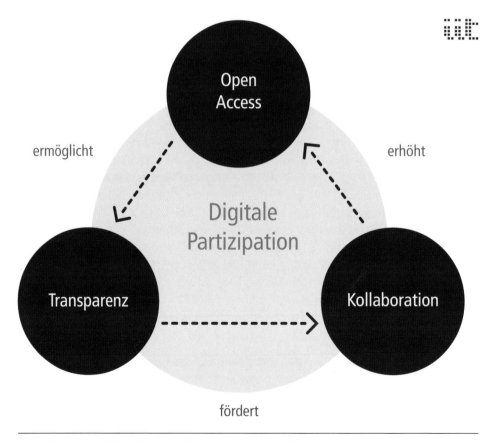

Abbildung 1.2.2: Erfolgsfaktoren für eine digitale Partizipation

Chancen und Herausforderungen partizipativer Wertschöpfung

Den angeführten Beispielen digitaler Partizipation in Wirtschaft und Wissenschaft ist gemein, dass offene und frei zugängliche Wissens- bzw. Informationsbestände die Basis für die partizipativen Wertschöpfungsprozesse dezentraler Communities oder lose verknüpfte Crowds sind. Da die beschriebenen Ansätze und Prozesse die technologischen Potenziale der Digitalisierung idealtypisch aufgreifen und sowohl die Transaktionskosten zur Vernetzung heterogener Akteure als auch die Grenzkosten zur Herstellung informationsbasierter Güter radikal senken, entwickeln sie sich von einer zunehmend relevanten und wettbewerbsfähigen Alternative hin zu etablierten und zentralisierten Wertschöpfungsmustern (vgl. Rifkin 2015).

Ein zentraler Vorteil von digitaler Partizipation in wissenschaftlichen und wirtschaftlichen Wertschöpfungszusammenhängen liegt darin, dass auch kleine Beiträge der Vielen kumulativ zu einem großen Ganzen zusammenwachsen. So wird Open-Source-Software durch die Beiträge tausender freiwilliger Entwickler erstellt, Open Science profitiert von dem schnellen und breiten Zugang vieler Wissensbeiträge und Citizen Scientists tragen in der Summe beachtliche Datenbestände zusammen. Anders als Firmen oder Forschungseinrichtungen, in denen ausschließlich Festangestellte regelmäßig und zu einem signifikanten Teil ihre Arbeitszeit in Wertschöpfungsprozesse beziehungsweise Forschungsprojekte einbringen, können offene Gemeinschaften und dezentrale Crowds im Prinzip jeden noch so kleinen und unregelmäßigen Beitrag nutzen und auf diese Weise größere Ressourcen aktivieren.

Darüber hinaus trägt die notwendige Offenheit und Transparenz der beschriebenen Ansätze auch zur Qualitätssicherung der gemeinschaftlich erzeugten Inhalte bei: Fehler im Programmcode werden umso eher entdeckt, je mehr Personen mit Programmierkenntnissen den Code analysieren können (Linus' Gesetz: „Given enough eyeballs, all bugs are shallow", vgl. Raymond 1999). Auch in der Wikipedia kann im Prinzip jeder Nutzer Überarbeitungen oder Korrekturen der Artikel vornehmen, und der freie Zugang zu Forschungsdaten (Open Access Data) ermöglicht die Replikation und Überprüfung von Untersuchungen.

Neben solchen Vorteilen partizipativer Ansätze in Wissenschaft und Wirtschaft ist deren kontinuierliche und nachhaltige Reproduktion auch mit deutlichen Herausforderungen verbunden. Eine wesentliche Herausforderung liegt darin, die Strukturen digitaler Partizipation so zu gestalten, dass sie einerseits die dafür notwendige Transparenz und offene Nutzungsrechte sicherstellen und anderseits die Ergebnisse der kollektiven Wertschöpfung vor proprietärer Einhegung oder kommerzieller Ausbeutung schützen. Wenn zu viele Akteure die dezentralen Beiträge der Gemeinschaft ausnutzen – also von den kollektiven Informationsgütern und Wissensbeständen profitieren, jedoch nichts zu deren Erzeugung oder Weiterentwicklung beitragen –

kann das reziproke Gleichgewicht in informellen Kooperationsbeziehungen kippen und die Basis kollektiver Wertschöpfungsprozesse zusammenbrechen.

Um partizipative Wertschöpfungsmuster vor einseitiger Ausbeutung zu schützen und nachhaltige Rahmenbedingungen für dezentrale, wenig formalisierte Kooperationsbeziehungen zu etablieren, bedarf es somit adäquater Regeln, die von den partizipierenden Akteuren wechselseitig anerkannt und kontinuierlich angewendet werden. Dabei sind die Rahmenbedingungen in Bereichen, die schon länger erfolgreiche Erfahrungen mit Ansätzen offener, partizipativer Wissens- oder Informationsproduktion gemacht haben, auch am weitesten fortgeschritten. So ist insbesondere im Kontext von Open-Source-Software ein ausdifferenziertes System aus Community-Normen, Verhaltensregeln und Lizenztypen entstanden (vgl. Laat 2007; Markus 2007; Engelhardt 2011), das den Modus offener, gemeinschaftsbasierter Wertschöpfung effektiv vor proprietärer Einhegung schützt.

Ausblick

Zusammenfassend lässt sich feststellen, dass sich im Rahmen der Digitalisierung von Wissenschaft, Gesellschaft, Industrie und Politik partizipative Ansätze der Informations- und Wissensproduktion herausbilden und verbreiten. Viele von ihnen sind dem Stadium der Experimentierphase bereits entwachsen. Da dezentrale Kooperationen in digitalen Netzwerken dabei die technologischen Potenziale der Digitalisierung in konkrete Wertschöpfungszusammenhänge überführen, entwickeln sie aktuell eine beachtliche Veränderungskraft, die die Praxis der Informations- und Wissenserzeugung perspektivisch nachhaltig verändern kann. Hierbei sind die Effekte der partizipativen Ansätze besonders weitreichend, wenn folgende Rahmenbedingungen gegeben sind:

- Der Wert eines digitalen Gutes beziehungsweise einer digitalen Information kann durch Offenlegung gesteigert werden, da kumulative Effekte und Feedback-Mechanismen greifen.

- Durch offene, partizipative Ansätze können Ressourcen nutzbar gemacht werden, auf die mit geschlossenen, proprietären Ansätzen kein Zugriff besteht.

- Die Akteure profitieren direkt oder indirekt, wenn sie sich beteiligen; dies schließt auch kommerzielle Aspekte mit ein.

Einer Gesellschaft wird es dann gelingen, die Wertschöpfungspotenziale digitaler Partizipation zu aktivieren und in einen übergreifenden Nutzen zu überführen, wenn ein darauf abgestimmtes, wechselseitig anerkanntes Geflecht aus Motiven, Prozessen und Regeln etabliert werden kann. Da Offenheit und der freie Zugang zu Wissen und Informationen in dezentralen, community- oder crowdbasierten Netzwerken die notwendige Voraussetzung für Partizipation sind, unterscheiden sich die daraus resultierenden Wertschöpfungsmuster deutlich von der etablierten Praxis proprietärer Wissenserzeugung und -verwertung. Die Fähigkeit, die entstehenden Möglichkeitsräume zu nutzen und die Rahmenbedingungen für einen offenen und gemeinschaftsbasierten Umgang mit wissenschafts- und wirtschaftsrelevantem Wissen zu schaffen, drückt einen wichtigen Aspekt digitaler Souveränität im gesellschaftlichen Sinne aus (vgl. Stubbe 2017).

Die Forschung zu Open-Source-Software hat exemplarisch gezeigt, dass kulturelle Faktoren einen wichtigen Einfluss auf den Erfolg haben (vgl. Engelhardt und Freytag 2013). Hierzu zählen unter anderem die Werte der Selbstbestimmung und -verwirklichung sowie zwischenmenschliches Vertrauen. Diese Wertvorstellungen können einen positiven Einfluss auf die Anzahl von Akteuren als auch auf deren Aktivitätsniveau in partizipativen Wertschöpfungsprozessen haben. Auch der Schutz von Rechten aus geistigem Eigentum hat positive Effekte – dies überrascht nicht, wenn man sich die Bedeutung von Lizenzen wie Creative-Commons oder Open-Source-Software-Lizenzen für die Stabilität der freiwilligen Kooperation vor Augen führt. Deutschland hat grundsätzlich gute Voraussetzungen, um seine Bürger noch stärker als bisher an der Erzeugung von wissenschafts- und wirtschaftsrelevantem Wissen und Know-how zu beteiligten. Nun gilt es, dieses Potenzial zu nutzen und die gesellschaftliche, digitale Souveränität Deutschlands in diesem Sinne weiterzuentwickeln.

Literatur

Al-Ani, A. (2013). Widerstand in Organisationen – Organisationen im Widerstand. Virtuelle Plattformen, Edupunks und der nachfolgende Staat. Wiesbaden: Springer VS (Organisation und Gesellschaft).

Anderson, C. (2010). In the Next Industrial Revolution, Atoms Are the New Bits. In: WIRED, 2010 (January 2010). Verfügbar unter: www.wired.com/2010/01/ff_newrevolution, zuletzt zugegriffen am 21.07.2017.

Bell, D. (1976). The coming of post-industrial society. A venture in social forecasting. 2. [print.]. New York: Basic Books (Colophon books, 5013).

Benkler, Y. (2006). The wealth of networks. How social production transforms markets and freedom. New Haven: Yale University Press.

Brinks, V.; Ibert, O. (2015). Mushrooming entrepreneurship. The dynamic geography of enthusiast-driven innovation. In: Geoforum (65), S. 363–373. DOI: 10.1016/j.geoforum.2015.01.007.

Bundesministerium für Bildung und Forschung (BMBF) (2016). Open Access in Deutschland. Die Strategie des Bundesministeriums für Bildung und Forschung. Bundesministerium für Bildung und Forschung (BMBF) (Hrsg.). Verfügbar unter: www.bmbf.de/pub/Open_Access_in_Deutschland.pdf, zuletzt zugegriffen am 21.07.2017.

Castells, M. (2009). The rise of the network society. 2nd ed. Hoboken: John Wiley & Sons (The information age: economy, society and culture).

Chan, L.; Cuplinskas, D.; Eisen, M.; Friend, F.; Genova, Y.; Guédon, J.-C. et al. (2002). Budapest Open Access Initiative. Verfügbar unter: www.budapestopenaccessinitiative.org/translations/german-translation, zuletzt zugegriffen am 21.07.2017.

Chesbrough, H. W. (2003). Open innovation. The new imperative for creating and profiting from technology. Boston: Harvard Business School.

Deutsche UNESCO-Kommission e. V. (UNESCO) (2007). Open Access. Chancen und Herausforderungen – ein Handbuch. Bonn. Verfügbar unter: www.unesco.de/fileadmin/medien/Dokumente/Kommunikation/Handbuch_Open_Access.pdf, zuletzt zugegriffen am 21.07.2017.

Ehrenberg-Silies, S.; Compagna, D.; Schwetje, O.; Bovenschulte, M. (2014). Offene Innovationsprozesse als Cloud-Services (Horizon-Scanning, Nr. 1). Verfügbar unter: www.iit-berlin.de/de/publikationen/offene-innovationsprozesse-als-cloud-services, zuletzt zugegriffen am 21.07.2017.

Engelhardt, S. v. (2011). What Economists Know about Open Source Software. Its Basic Principles and Research Results. In: Jena Economic Research Papers 2011 (005). Verfügbar unter: http://dx.doi.org/10.2139/ssrn.1759976, zuletzt zugegriffen am 21.07.2017.

Engelhardt, S. v.; Freytag, A. (2013). Institutions, culture, and open source. In: Journal of Economic Behavior & Organization 2013 (95), S. 90–110.

Europäische Kommission (Hrsg.) (2016). Open innovation, open science, open to the world. A vision for Europe. Luxembourg. Verfügbar unter: www.worldcat.org/oclc/954078892, zuletzt zugegriffen am 21.07.2017.

FairCrowdWork Watch (2015). Profil Jovoto. Verfügbar unter: www.faircrowdwork.org/de/plattform/jovoto, zuletzt zugegriffen am 21.07.2017.

Ferdinand, J.-P.; Bovenschulte, M. (2017). Entwicklungspfade in die Zukunft der Industrie. iit perspektive Nr. 31. Institut für Innovation und Technik (iit) (Hrsg.). Verfügbar unter: www.iit-berlin.de/de/publikationen/entwicklungspfade-in-die-zukunft-der-industrie, zuletzt zugegriffen am 21.07.2017.

Ferdinand, J.-P.; Petschow, U.; Dickel, S. (Hrsg.) (2016). The Decentralized and Networked Future of Value Creation. 3D Printing and its Implications for Society, Industry, and Sustainable Development (Progress in IS). Heidelberg: Springer-Verlag GmbH.

Franke, N.; Shah, S. (2003). How communities support innovative activities. An exploration of assistance and sharing among end-users. In: Research Policy 32 (1), S. 157–178. DOI: 10.1016/S0048-7333(02)00006-9.

Frederking, A.; Richter, S.; Schumann, K. (2016). Citizen Science auf dem Weg in den Wissenschaftsalltag. iit perspektive Nr. 26. Institut für Innovation und Technik (iit) (Hrsg.). Verfügbar unter: www.iit-berlin.de/de/publikationen/citizen-science-auf-dem-weg-in-den-wissenschaftsalltag, zuletzt zugegriffen am 21.07.2017.

Freeman, C.; Soete, L. (1997). The economics of industrial innovation. 3. ed., 1. MIT Press ed. Cambridge Mass.: MIT Press.

Gründerszene.de (2010). Unternehmensprofil Jovoto. Verfügbar unter: www.gruenderszene. de/datenbank/unternehmen/jovoto, zuletzt zugegriffen am 21.07.2017.

Hatch, M. (2014). The maker movement manifesto. Rules for innovation in the new world of crafters, hackers, and tinkerers. New York u. a.: McGraw-Hill Education.

Helmholtz-Gemeinschaft Deutscher Forschungszentren e. V. (HGF) (2016). Open-Access-Richtlinie der Helmholtz-Gemeinschaft. Verfügbar unter: http://os.helmholtz.de/?id=802, zuletzt zugegriffen am 21.07.2017.

Hippel, E. v. (2005). Democratizing innovation. Cambridge, Massachusetts: The MIT Press. Verfügbar unter: http://web.mit.edu/evhippel/www/democ1.htm, zuletzt zugegriffen am 21.07.2017.

Laat, P. B. d. (2007). Governance of open source software. State of the art. In: Journal of Management and Governance 11 (2), S. 165–177.

Lessig, L. (2006). Code. Version 2.0. [2. ed.]. New York: Basic Books.

Linux Foundation (2017). About The Linux Foundation. Verfügbar unter: www.linuxfoundation.org/about, zuletzt zugegriffen am 10.07.2017.

Markus, M. L. (2007). The governance of free/open source software projects. Monolithic, multidimensional, or configurational? In: Journal of Management and Governance 11 (2), S. 151–163.

Max-Planck-Gesellschaft (MPG) (2003). Berlin Declaration on Open Access to Knowledge in the Sciences and Humanities. Verfügbar unter: https://openaccess.mpg.de/Berliner-Erklaerung, zuletzt zugegriffen am 21.07.2017.

Petschow, U.; Ferdinand, J.-F.; Dickel, S.; Steinfeldt, M.; Worobei, A. (2014). Dezentrale Produktion, 3D-Druck und Nachhaltigkeit. Trajektorien und Potenziale innovativer Wertschöpfungsmuster zwischen Maker-Bewegung und Industrie 4.0. Institut für Ökologische Wirtschaftsforschung (IÖW) (Hrsg.). Berlin (Schriftenreihe des IÖW).

Powell, W. W.; Koput, K. W.; Smith-Doerr, L. (1996). Interorganizational Collaboration and the Locus of Innovation. Networks of Learning in Biotechnology. In: Administrative Science Quarterly 41 (1), S. 116. DOI: 10.2307/2393988.

Raymond, E. S. (1999). The Cathedral and the Bazaar. Musings on Linux and open source by an accidental revolutionary. Sebastopol: O'Reilly.

Redlich, T.; Wulfsberg, J. P. (2011). Wertschöpfung in der Bottom-up-Ökonomie. Berlin Heidelberg: Springer-Verlag Berlin Heidelberg (VDI-Buch). Verfügbar unter: http://dx.doi.org/10.1007/978-3-642-19880-9, zuletzt zugegriffen am 21.07.2017.

Reichert, R. (2013). Die Macht der Vielen. Über den neuen Kult der digitalen Vernetzung. Bielefeld: Transcript-Verl. (Edition Medienwissenschaft, 2). Verfügbar unter: http://dx.doi.org/10.14361/transcript.9783839421277, zuletzt zugegriffen am 21.07.2017.

Rifkin, J. (2015). The zero marginal cost society. The internet of things, the collaborative commons, and the eclipse of capitalism. 1. Palgrave Macmillan Trade paperback ed. New York: Palgrave Macmillan.

Shirky, C. (2009). Here comes everybody. The power of organizing without organizations [with an updated epilogue]. [Nachdr.]. New York u. a.: Penguin Books (A Penguin book).

Stubbe, J. (2017). Von digitaler zu soziodigitaler Souveränität. Veröffentlicht in diesem Band, S. 43–59.

Tapscott, D.; Williams, A. D. (2009). Wikinomics. Die Revolution im Netz. Ungekürzte Ausg. München: dtv (dtv, 34564).

Tech, R.; Ferdinand, J.-P.; Dopfer, M. (2016). Open Source Hardware Startups and their Communities. In: Ferdinand, J.-P.; Petschow, U.; Dickel, S. (Hrsg.): The Decentralized and Networked Future of Value Creation. 3D Printing and its Implications for Society, Industry, and Sustainable Development (Progress in IS), S. 129–146.

Thommes, F. (2016). Pinguine zählen. 25 Jahre Linux – und kein Ende. In: LinuxUser 12/2016, S. 16–20.

West, J.; Vanhaverbeke, W.; Chesbrough, H. W. (Hrsg.) (2006). Open Innovation: Researching a New Paradigm: Oxford University Press.

1.3 Von digitaler zu soziodigitaler Souveränität

Julian Stubbe

Digitale Souveränität in der soziologischen Perspektive: Damit rückt die Ver-flechtung von technischen und gesellschaftlichen Entwicklungen in den Fokus, um besser zu verstehen, wie sich beide wechselseitig beeinflussen und verstär-ken oder in anderer Weise fortschreiben. Vor diesem Hintergrund geht dieser Beitrag besonders auf die Lebenswelt von Schülern und Teenagern ein. Wie prägen soziale Trends und digitale Technologien die Sozialisation? Was bedeu-tet Souveränität in diesem Zusammenhang, was kennzeichnet sie und wie kann sie gefördert werden?

Im gegenwärtigen Diskurs um digitale Souveränität kommt die soziale Dimension des Begriffs häufig zu kurz. So reduzieren Autoren populärer Technologiemagazine wie heise online[12] den Begriff der digitalen Souveränität häufig auf seine staatsrecht-liche Bedeutung. Dies ist an sich nicht verwerflich, denn digitale Souveränität ist eng verbunden mit Themen des Datenschutzes und wird auch als neues Paradigma der Datensicherheit verstanden (vgl. Lepping und Palzkill 2016). Insofern betrifft die digi-tale Souveränität Fragen nach Grenzen und Möglichkeiten staatlicher Kontrolle des digitalen Raums. Doch auch in der wissenschaftlichen Auseinandersetzung mit dem Begriff setzt sich die rechtsstaatliche Konnotation größtenteils fort (vgl. Friedrichsen und Bisa 2016). Das ist schade, denn mit ihr rücken der kulturelle und gesellschaft-liche Kontext der Digitalisierung sowie die Frage, was souveräne Akteure eigentlich ausmacht, in den Hintergrund.

Nur gelegentlich sprechen psychologische sowie empirisch orientierte Beiträge die individuelle Ebene digitaler Souveränität an. Aus psychologischer Perspektive argu-mentiert etwa Jo Groebel (2016), dass individuelle Selbstbestimmung im Kontext digitaler Kommunikation zu relativieren sei. Das Handeln des Einzelnen sei stets ein-gebettet in größere Zusammenhänge, zu denen etwa die persönliche Biografie sowie der kulturelle und soziale Kontext der Mediennutzung gehören. Lena-Sophie Müller (2016) untermauert diese Auffassung empirisch. Müller beschäftigt sich mit dem „digitalen Bauchgefühl" souveräner digitaler Akteure. Darunter versteht sie Faustre-geln, wie „klick nicht auf fremde Links", die einen kompetenten Umgang mit digita-len Medien kennzeichnen. Beide Beiträge verorten Veränderungen und Trends primär

---

[12] *Siehe hierzu: heise online: www.heise.de*

auf der technischen Seite, während sie die gesellschaftliche Seite zwar berücksichtigen, aber als starren Kontext behandeln.

In diesem Beitrag möchten wir der verbreiteten Technology-Push-Perspektive – die digitale Transformation als unausweichliche Veränderung behandelt, der sich die Menschen fügen müssen – entgegengehalten, dass sich auch gesellschaftliche Strukturen wandeln und dass diese mit technologischen Trends verwoben sind. Dann erst kann sich der Blick auf die Gestaltbarkeit sozialer Trends durch digitale Technologien und umgekehrt öffnen. Darauf aufbauend soll digitale Souveränität auch als soziale Souveränität gedacht werden, die sich durch einen kompetenten und verantwortungsvollen Umgang mit Technik sowie mit ihren sozialen Auswirkungen und Chancen auszeichnet.

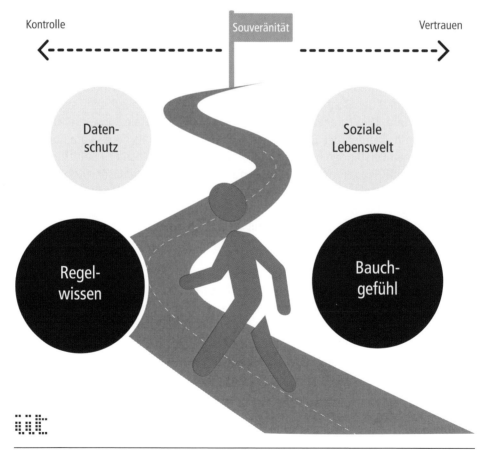

Abbildung 1.3.1: Souveränität als Haltung, im Spannungsfeld von strukturellen Bedingungen (Soziale Lebenswelt, Datenschutz) und individuellen Kompetenzen (digitales Bauchgefühl, Regelwissen).

Folglich soll Souveränität deshalb als soziale *Haltung* verstanden werden (s. Abbildung 1.3.1). Dieser Gedanke ist inspiriert von der Theorie des Soziologen George H. Mead (1976), der sich mit der Entstehung von Identität und Gesellschaft beschäftigte. Aus seiner Perspektive entwickelt sich Identität durch Interaktionserfahrungen, die sich im Laufe der Sozialisation anhäufen. Der springende Punkt ist, dass der Einzelne sich in den Reaktionen der Anderen wiederfindet, im Sinne eines leicht verzerrten Spiegels, wodurch sich Identität bildet. Die Fähigkeit, sich in andere hineinzuversetzen, ist demnach Bedingung dafür, dass so etwas wie Gesellschaft überhaupt entsteht. Eine Haltung in diesem Zusammenhang ist das auf Erfahrungen basierende Bewusstsein der eigenen Gestaltungsfähigkeit gegenüber seiner Lebenswelt. Sie vereint ein implizites „Bauchgefühl" und explizites Regelwissen; sie wird durch ein Individuum verkörpert, aber sie ist nicht allein Kognition, sondern entsteht in Bezug zur sozialen Lebenswelt.

Souveränität kann auf diese Weise als eine Haltung zwischen zwei extremen Grundpositionen beschrieben werden: zwischen Kontrolle und Vertrauen. Kontrolle ist die gerichtete Steuerung von Prozessen, unter der Annahme, dass kausale Beziehungen zwischen strukturellen Bedingungen und individuellen Handlungsweisen bestehen. Die Motivation, Kontrolle auszuüben, kann auf struktureller Ebene politischer Natur sein, beispielsweise im Sinne von Datenschutzmaßnahmen, die Unternehmen kontrollieren und Bürger schützen sollen. Auf individueller Ebene ist Kontrolle der Versuch, die Geschicke des Lebens in gerichtete Bahnen zu lenken – wenn etwa jemand spezifische Qualifikationen für ein bestimmtes Berufsbild unter der Annahme erwirbt, dass genau diese Qualifikationen zum ersehnten Erfolg führen.

Mit der Wette auf Kontrolle kann jedoch leicht die Blindheit für Einflussfaktoren einhergehen, die man nicht kontrolliert und auch nicht kontrollieren kann. Der Kontrolle gegenüber steht das Extrem des Vertrauens. Dabei geht es um die Überzeugung, dass andere sich redlich verhalten und sich nicht eigennützig gegen einen selbst wenden. Dies beinhaltet auch die Auffassung, dass Werte und Normen von universeller Natur sind und unabhängig vom eigenen Handeln Bestand haben. Auf struktureller Ebene schlägt sich dies insofern nieder, dass gesellschaftliche Trends als gegeben und unausweichlich hingenommen werden. Vertrauen impliziert demnach eine fatalistische Haltung gegenüber dem individuellen und gesellschaftlichen Leben. Was ist der richtige Weg zwischen diesen beiden Extremen? Und wie entsteht eine souveräne Haltung, die sich der eigenen Gestaltungsfähigkeit sowie Verantwortung bewusst ist? Wie kann eine solche Haltung gefördert werden?

Teilhabegerechtigkeit

Es gibt eine Form der Beziehung zwischen gesellschaftlichen Strukturen und individuellen Bürgern, die einen übergeordneten Stellenwert einnimmt: die Teilhabegerechtigkeit (vgl. Leisering 2004). Diese Form der Gerechtigkeit basiert darauf, strukturell bedingte Nachteile aufgrund des Geschlechts, der Ethnizität, des Alters oder der Vorprägung durch die Biografien der Eltern nicht zu determinierenden Faktoren für die gesellschaftliche Teilhabe eines Jeden werden zu lassen. Dies betrifft demokratische Grundwerte wie rechtliche Gleichstellung, soziale Anerkennung, den Zugang zu Bildung und Kultur sowie den Anspruch auf politische Teilnahme. Die Teilhabegerechtigkeit ist ein Wert, den in unserer Gesellschaft das gesamte demokratische politische Spektrum teilt.

Der Begriff „digitale Spaltung" bezeichnet die Frage, inwiefern die Digitalisierung der Gesellschaft zu einem Ausschluss bestimmter Bevölkerungsgruppen führt. Innerhalb dieser Debatte, die seit mehr als 25 Jahren geführt wird, bildeten sich Themen von allgemeiner Zugänglichkeit von Internetverbindungen bis hin zur digitalen Kompetenz als Indikator für eine solche gesellschaftliche Spaltung heraus. Der allgemeine Zugang zum Internet hat sich seit den 1990er Jahren deutlich durch das Aufkommen kostengünstiger Anbieter sowie die räumliche Erschließung ländlicher Gebiete positiv entwickelt. Zwar verfügen weiterhin Teile Deutschlands über schlechte Verbindungen, jedoch ist die generelle Anzahl an Personen ohne Internetzugang zwischen 2009 und 2013 von 11,6 auf 5,4 Prozent gesunken (zit. n. Statista 2017) – eine Entwicklung, die zum Großteil auf die Verfügbarkeit mobiler Internetzugänge zurückzuführen ist.

Der verbreitet vorhandene Zugang betrifft allerdings nur private Haushalte. Im Bereich öffentlicher Institutionen, insbesondere der Schulen, liegt Deutschland im internationalen Vergleich zurück: Experten des World Economic Forum bewerten unter den 15 Top-IKT-Nationen den Internetzugang in deutschen Schulen als unterdurchschnittlich, er liegt hinter Ländern wie China und Großbritannien.

Wer Technikkompetenzen erwerben soll, muss über digitale Technologien verfügen können. Der alltägliche Umgang mit digitaler Technologie prägt die Aneignung von Technikkompetenz, ebenso wichtig ist aber die bewusste Kompetenzvermittlung. Menschen, die täglich mit Technik umgehen, werden vertraut mit deren spezifischen Funktionsweisen und Gebrauchsformen. Das Konzept der „Technikgenerationen" geht davon aus, dass Techniknutzer Routinen entwickeln, die sie wiederholt und zunehmend unbewusst im Alltag anwenden (vgl. Sackmann und Weymann 1994). Diese Routinen sind typisierte Umgangsformen, abhängig von bestimmten Mainstream-Technologien einer Zeit, dem individuellen Technikbesitz und der jeweiligen Erfahrung im Umgang mit Technik.

Wenn also die Digitalisierung immer mehr in verschiedene Lebensbereiche eindringt, ist es wesentlich, dass sich diese lebensweltlichen, routinierten Kompetenzen herausbilden. Denn ohne sie kann sich niemand neue Technologien aneignen: Sie sind der Erfahrungsschatz, auf den Menschen zurückgreifen, wenn sie eine neue Technik bedienen und nutzen wollen. Den Umgang mit digitalen Technologien zu vermitteln, ist eine generationenübergreifende besondere Herausforderung, insbesondere wenn es um ältere Menschen geht. Zwar sind immer mehr ältere Menschen online (vgl. D21 2016), aber mit neuen Technologien machen sie sich weiterhin deutlich langsamer vertraut als andere Altersgruppen. So stieg von 2007 bis 2013 die Nutzung von sozialen Netzwerken bei Menschen ab 50 Jahren von sieben auf 16 Prozent. Im Vergleich zur Altersgruppe der 40- bis 49-Jährigen, deren Präsenz im gleichen Zeitraum von sechs auf 38 Prozent wuchs, ist diese Zunahme jedoch nur mäßig (vgl. Busemann 2013).

Das Konzept der Technikgenerationen öffnet daher den Blick dafür, wie wichtig der Erwerb von Kompetenzen durch den alltäglichen, erfahrungsbasierten Umgang mit Technik ist, und warnt darüber hinaus, dass digitale Technologien bestimmte Nutzerbilder haben, die davon abweichende Gruppen von vornherein ausschließen. Während das Konzept der Technikgenerationen einerseits sinnvoll ist, so scheint es andererseits den Trugschluss zu befördern, dass Technikkompetenzen „im Vorbeigehen" erworben werden könnten.

Die „International Computer and Information Literacy Study" (ICILS) führte zum Thema Technikkompetenz von Kindern und Jugendlichen eine umfassende, international-vergleichende Erhebung durch. Die Ergebnisse verdeutlichen, dass „die weit verbreitete Annahme, Kinder und Jugendliche würden durch das Aufwachsen in einer von neuen Technologien geprägten Welt automatisch zu kompetenten Nutzern, nicht zutrifft." (Bos et al. 2014) Die Studie hebt hervor, wie bedeutend die Einbettung von Kompetenzvermittlung im schulischen Alltag ist.

Der Studie liegt ein differenziertes Modell von Kompetenzstufen zugrunde: I. rudimentäre rezeptive Fertigkeiten und sehr einfache Anwendungskompetenzen (zum Beispiel das Anklicken eines Links); II. kompetenter Umgang mit basalen Wissensbeständen sowie sehr einfache Fertigkeiten im Umgang mit Informationen (zum Beispiel eine einfache Bearbeitung von Dokumenten); III. angeleitetes Ermitteln von Informationen, deren Bearbeitung sowie das Erstellen einfacher Informationsprodukte (zum Beispiel einfacher Textdokumente); IV. eigenständiges Ermitteln und Organisieren von Informationen und das selbstständige Erzeugen von elaborierten Dokumenten und Informationsprodukten; V. sehr elaborierte computer- und informationsbezogene Kompetenzen, zu denen das sichere Bewerten und Organisieren selbstständig ermittelter Informationen sowie das Erzeugen von inhaltlich und formal anspruchsvollen Informationsprodukten gehört.

In diesen fünf Kompetenzstufen werden computer- und informationsbezogene Kompetenzen als zusammengehörig behandelt. Die Autoren weisen darauf hin, dass diese Verbindung keine theoretische Annahme ist, sondern eine empirische Korrelation. Sprich, Schüler, die über computerbezogene, technische Kompetenzen verfügen, sind mit hoher Wahrscheinlichkeit auch kompetent bei der Einschätzung und Organisation von Information und Wissen. Im internationalen Vergleich sind deutsche Schüler in diesem Raster überdurchschnittlich gut; es schaffen zwar nur wenige auf die oberste Stufe, jedoch verteilt sich der Großteil über die Stufen III und IV.

Die ICILS-Studie weist allerdings auch auf eine besorgniserregende Kopplung hin: Digitale Kompetenzen hängen in Deutschland besonders stark vom sozioökonomischen Hintergrund der Schüler ab. Schüler aus sozioökonomisch privilegierten Familien (Familien mit hohem Bildungsniveau der Eltern und hohem Buchbestand im Haushalt) können sich wesentlich häufiger den beiden höchsten Kompetenzstufen zuordnen als Jugendliche aus sozioökonomisch weniger privilegierten Elternhäusern, die anteilig mehr als doppelt so häufig Leistungen auf den unteren beiden Kompetenzstufen erbringen (vgl. Wendt et al. 2014). Diese Verbindung hat demnach weniger mit dem finanziellen Wohlstand des Elternhauses zu tun als vielmehr mit dem kulturellen Kapital und der Sozialisation Jugendlicher mit Bildungsmedien. In der EU sind herkunftsbedingte Disparitäten auf Grundlage des kulturellen Kapitals in Deutschland stärker ausgeprägt als in anderen Ländern. Als besondere Risikogruppe, also Jugendliche mit besorgniserregend niedrigen computer- und informationsbezogenen Kompetenzen, können auf Basis der ICILS-Ergebnisse männliche Jugendliche aus Familien mit wenigen kulturellen und ökonomischen Ressourcen gelten, die Schulen besuchen, die nicht oder nicht ausschließlich einen gymnasialen Bildungsgang anbieten.

Die Studienergebnisse verdeutlichen, dass die Spaltung der digitalen Gesellschaft entlang der gleichen soziokulturellen Grenzen verläuft wie jene, die weniger privilegierte Jugendliche von der Teilhabe am generellen gesellschaftlichen Bildungsangebot fernhält. Es ist eine demokratische Aufgabe dafür zu sorgen, dass die Digitalisierung nicht die Risse in unserer Gesellschaft vergrößert, sondern zu einer Chance wird, mangelnde Teilhabegerechtigkeit auszugleichen.

Souveränität durch Kompetenz

Was bedeutet in diesem Kontext digitale Souveränität und wie kann sie gefördert werden, um Teilhabegerechtigkeit zu ermöglichen? Auf der einen Seite lassen sich digitale Kompetenzen als kontrollierbares kognitives Regelwissen vermitteln. Hier würden der Anwendungsbezug und Regeln im Vordergrund stehen, mit denen spezifische digitale Lösungen, wie etwa der Umgang mit einem Textverarbeitungsprogramm, gelehrt werden. Dies sind kontrollierbare kognitive Kompetenzen. Auf der anderen Seite stehen weiche Kompetenzen, die sich junge Menschen im Zuge ihrer lebensweltlichen Sozialisation aneignen. Diese entziehen sich sozialer Kontrolle und werden eher subtil und erfahrungsbasiert als Teil einer soziokulturellen Techniksozialisation vermittelt. Die Aneignung von Kompetenz basiert hier auf dem Vertrauen, dass die jugendliche digitale Lebenswelt sie auch zu souveränen digitalen Akteuren macht.

Während die ICILS-Autoren davor warnen, dass dieses Vertrauen naiv ist und sich der Verantwortung, Teilnahmegerechtigkeit herzustellen, entzieht, zeigen die in der Studie vorgestellten Ergebnisse jedoch auch, dass die Sozialisation mit Technik innerhalb eines sozialen Milieus höchst relevant ist für einen kompetenten Umgang mit Technologie (Bos et al. 2014).

Um digitale Souveränität zu erreichen, müssen digitale Kompetenzen einerseits und lebensweltliche Erfahrungen andererseits zusammenkommen. Digitale Souveränität ist daher weniger von spezifischem Detailwissen geprägt als vielmehr vom kreativen Umgang mit digitalen Technologien, um verschiedene Lebensbereiche miteinander zu verbinden. Hierzu zählt das Bewusstsein, mit digitalen Kompetenzen das eigene Leben und damit auch die eigene Biografie zu gestalten (vgl. Stubbe 2016).

Zu den staatlich geförderten Projekten, die einen derartigen Ansatz verfolgen, gehören die Code Week und der Minicomputer Calliope. Die Code Week ist eine von der Europäischen Kommission initiierte Veranstaltungsreihe, zu der in ganz Europa Kinder und Jugendliche eingeladen sind, spielerisch digitale Grundfertigkeiten auszuprobieren und zu erlernen. In Deutschland führte 2016 das Design Research Lab an der Universität der Künste Berlin die Code Week durch. Zentrale Motivation der Veranstaltung ist es, Programmieren und Code sichtbar zu machen, um auf diese Weise die Komplexität der digitalen Welt aufzulösen und ihre grundsätzliche Gestaltbarkeit zu vermitteln. Mädchen und Jungen können hier unter anderem eigene Spiele entwerfen und unter Hilfestellung Programmieren oder digitale Technologien zum spielerischen Experimentieren einsetzen.

Bei Calliope handelt es sich um einen modifizierbaren Minicomputer, der im Unterricht eingesetzt werden kann. Er ist kein konventioneller Computer, der durch sein Betriebssystem und seine geschlossene Hardware bestimmte Funktionen und Anwendungen vorgibt, sondern eine offene Entwicklungsplattform, die experimentell verändert und vielfältig eingebunden werden kann. Das vom Bundesministerium für Wirtschaft und Energie (BMWi) geförderte Projekt hat zum Ziel, jedem Kind ab der dritten Klasse den spielerischen Zugang zur digitalen Welt zu ermöglichen. Die Vermittlung von Kompetenzen richtet sich jedoch nicht an Kinder allein, sondern ebenso an Lehrer, die bei der Entwicklung von Projekten für den Unterricht in verschiedenen Fächern begleitet werden.

In beiden Projekten soll die erfahrungsbasierte und kreative Aneignung digitaler Technologien gefördert werden. Und sie vermitteln die grundsätzliche Gestaltbarkeit nicht nur der digitalen Welt, sondern auch der sozialen Lebenswelt von Kindern und

Jugendlichen, indem sie dazu anregen, Verbindungen zwischen unterschiedlichen Bereichen zu knüpfen und Technologien als anpassbare Werkzeuge zu verstehen.

Identität als Projekt

Die Individualisierung ist ein Kernthema der Soziologie, sowohl hinsichtlich der Theoriebildung als auch im Sinne einer Gesellschaftsdiagnose. Im Kern bezeichnet der Begriff den Übergang einer Gesellschaft von Fremdbestimmung zu einer zunehmend individuellen und selbstbestimmten Lebensführung ihrer Mitglieder. So sehr die Bedeutung dieses Begriffs zunächst eine positive Konnotation zu haben scheint, klaffen die Meinungen zu den Auswirkungen doch sehr auseinander (Schroer 2008). Während positive Auslegungen eher eine Befreiung des Individuums damit verbinden, beschreiben negative Interpretationen eine zunehmende Entwurzelung und Orientierungslosigkeit innerhalb einer Gesellschaft. Andere Meinungen hingegen sind ambivalent und erkennen sowohl befreiende als auch riskante Elemente zunehmender Individualisierung.

Zu den ambivalenten Meinungen zählen die von Ulrich Beck und Anthony Giddens, die sich beide mit den Übergängen von traditionellen zu modernen Gesellschaftsformen beschäftigt haben. Ulrich Beck (1986) geht davon aus, dass sich in der westdeutschen Nachkriegsgesellschaft ein Individualisierungsschub vollzogen hat, der vor allem auf drei Entwicklungen zurückzuführen ist. Erstens ging es den Menschen finanziell immer besser; Ungleichheit wurde zwar nicht aufgehoben, aber alle konnten sich stetig etwas mehr leisten. Zweitens haben sich die allgemeinen Arbeitszeiten deutlich verkürzt, sodass auch vollerwerbstätige Menschen die Möglichkeit erhielten, ihre Freizeit selbst zu gestalten; sie konnten sich Hobbys zulegen, politisch engagieren oder sich weiterbilden. Drittens hat sich das Bildungsniveau erhöht, was sich an einer wachsenden Zahl von Abiturienten und Studierenden eines Jahrgangs zeigte. Dies hatte zur Folge, dass immer mehr Menschen zumindest die Chance erhielten, beruflich und sozial aufzusteigen, und dass sie die Zeit und Fähigkeit hatten, sich über die eigene Lebensführung Gedanken zu machen. Mit diesen positiven Entwicklungen entstehen jedoch als Kehrseite neue Zwänge. Über Arbeitsmarkt, Wohlfahrtsstaat und Bürokratie wird jeder Bürger in Netze von Regelungen, Maßgaben und Anforderungen eingebunden, die er oder sie erfüllen muss, um das zu führen, was als „eigenständiges Leben" gilt.

Anthony Giddens (1991) arbeitet heraus, wie Identitäten in einer modernen Gesellschaft entstehen. Im Gegensatz zu traditionellen Gesellschaftsformen, deren Mitglieder in eine scheinbar unumstößliche Struktur von Stand und Klasse hineingeboren wurden, müssen Mitglieder einer post-traditionellen Gesellschaft ihre Rollen erst finden und sich ihre Identität erarbeiten. Die eigene Identität wird auf diese Weise zu einem Problem, dem sich jeder in seinem alltäglichen Handeln stellen muss. Was Giddens Argumentation auszeichnet ist, dass Identitäten stets in wechselseitiger Bedingtheit von kleinteiligen Handlungen und gesellschaftlichen Strukturen entstehen.

In heutigen Gesellschaften wird auf diese Weise die persönliche Identität zu einem reflexiven Projekt, so Giddens, an dem wir kontinuierlich arbeiten und welches wir in Beziehung zu unserem lebensweltlichen Kontext stetig reflektieren. Identität ist nicht länger ein stabiles Set sozialer Merkmale, sondern die persönliche Auslegung der eigenen Biografie, in der Kontinuität ein aktiv hergestelltes Konstrukt ist. Gesellschaftliche Individualisierung ist ein Trend, der durch eine immanente Ambivalenz geprägt ist: Mit der Freiheit der Selbstentfaltung kommt die Angst vor Bindungslosigkeit.

Individualisierung und Digitalisierung

Vor dem Hintergrund der zunehmenden Individualisierung der Gesellschaft erscheint die Digitalisierung von Kommunikationsformen ebenso als Wandel struktureller Bedingungen und Möglichkeiten, Identitäten zu entfalten, wie auch als Resultat sozialer Muster, die sich bereits vor der flächendeckenden Einführung des Internets abzeichneten. Es erscheint wenig plausibel zu behaupten, digitale soziale Netzwerke seien einer bis dato rigiden sozialen Identitätsbildung übergestülpt worden. Schließlich entstanden Muster wie die subjektive Konstruktion der eigenen Biografie bereits vor Facebook und Co., spiegeln sich aber gleichzeitig in ihren sozialen Auswirkungen. Diese Perspektive legt die Metapher des Katalysators nahe: Digitale soziale Netzwerke können soziale Prozesse beschleunigen. Sie ist aber trügerisch, da sie suggeriert, die Digitalisierung würde die kleinste Einheit des Sozialen, den einzelnen Menschen, unverändert lassen.

Individualisierung und Digitalisierung stehen in einem sich verstärkenden Verhältnis, wenn digitale Medien und Technologien Diversität fördern beziehungsweise diese sichtbar machen. Inwiefern der Umgang mit Technologie Formen der Selbstreflexion auslösen kann, erforschte Sherry Turkle bereits in der Frühphase des Internets (vgl. Turkle 1995). Sie stellte fest, dass der Interaktionsmodus eines grafischen Interfaces Nutzer zum „basteln" ermutigt, in dem virtuelle Gegenstände parallel dargestellt, verschoben und manipuliert werden können, ohne sie als Einheit zu verändern – dies war ein grundsätzlich anderer Modus der Mensch-Technik-Interaktion als er etwa in der linearen Kommunikation mittels des Microsoft-Betriebssystems DOS verwirklicht wurde.

Während Turkle (1995) bereits die Art der Mensch-Technik-Interaktion auf das Entstehen von Identität bezog, tritt heutzutage die Öffentlichkeit der Vernetzung durch digitale Medien in den Vordergrund der Individualisierung. Der zentrale Punkt für die positive Beziehung zwischen Digitalisierung und Individualisierung bleibt jedoch, wie schon bei Turkle, die Gleichzeitigkeit von Vielfalt und Integration. Soziale Netzwerke wie Twitter oder Facebook ermöglichen, dass Nutzer Verbindungen herstellen, die durch ihre öffentliche Sichtbarkeit zu symbolischen Markierungen der eigenen Persönlichkeit werden. Twitter-Hashtags, Facebook-Likes oder Instagram-Herzchen sind niederschwellige Instrumente, um kulturelle und soziale Referenzen aufzubauen, die in ihrer Komposition eine gewünschte Identität repräsentieren.

Bei der Nutzung von Facebook stehen Verbindungen zu sozialen Kontakten, wie Freunde und Familie, im Vordergrund und damit einhergehend die öffentliche Darstellung privater Inhalte, wie Fotos von Gruppen und Ereignissen, die durch ihr Hochladen, Verlinken und Liken an vermeintlicher Relevanz gewinnen. Twitter folgt einem anderen Modus, indem Hashtags flexible Kategorien ermöglichen, unter denen sich Meinungen vereinen. Dies ermöglicht, Themen mit einheitlichen Labels zu versehen, ohne dass ein Zusammenhang vorab gegeben sein muss. Soziale Netzwerke sind in unterschiedlicher Weise Instrumente zur Identitätsarbeit, indem sie vielfältige soziale Referenzen verbinden und diese gleichzeitig durch eine Verstetigung von Kategorien integrieren. Wesentlich ist nicht so sehr die steigende Anzahl von Kategorien, sondern vielmehr das „Basteln" der Identität und das aktive Erzeugen vermeintlicher Kontinuität.

Die Ambivalenz dieses Prozesses wird am Beispiel des arabischen Frühlings deutlich. Während der Proteste in Frühjahr 2011 stieg die Twitter- und Facebook-Nutzung in der arabischen Region signifikant (vgl. Huang 2011), was die Vielfalt politischer und kultureller Identitäten in der Region sichtbar machte. Die Mobilisierung der Bevölkerung auf diesem Weg war sehr erfolgreich, und sie stärkte in der Vielfalt auch die Verbindung der Menschen untereinander. Der aktuelle Rückfall der Region in alte, autoritäre Strukturen nährt den Zweifel, dass die Meinungsführer der Proteste nie über einen breiten Rückhalt in der Bevölkerung verfügten und dass durch soziale Medien lediglich die Illusion einer Mehrheit erzeugt wurde (vgl. Lerman et al. 2016).

Das Beispiel verdeutlicht, dass der Zusammenhang von Digitalisierung und Individualisierung der Gesellschaft weitreichende Auswirkungen haben kann. Aber vor welche Herausforderungen stellt die digitale Identitätsarbeit den Einzelnen? Während Turkle in den 1990er Jahren neue digitale Technologien als Reflexionstechnologien betrachtete, wuchs in den 2010er Jahren, als Smartphones und soziale Netzwerke zum allgegenwärtigen Phänomen wurden, die Skepsis gegenüber der Individualisierung durch digitale Medien (vgl. Turkle 2011). Turkle beschäftigt sich nun insbesondere mit den Auswirkungen von sozialen Netzwerken wie Facebook auf die Identitätsbildung von Teenagern sowie ihrer Eltern, die ständige Vernetzung vorleben.

Im Gegensatz zu den in den 1990er Jahren eher avantgardistischen Technologien erzeugen soziale Netzwerke keine reflektierende Distanz zwischen dem Selbst und seinem digitalen Avatar. Vielmehr stehen Teenager unter dem Druck, sich selbst zu repräsentieren, indem sie sich über die Werkzeuge der sozialen Medien, wie das Teilen von Fotos, Likes, Friends oder Hashtags, eine Online-Identität erarbeiten. Dieses „Online-Selbst" birgt jedoch die Gefahr, so argumentiert Turkle, dass wir glauben, wir präsentierten uns selbst, aber in Wahrheit erzeugten wir nur eine bereinigte, perfektionierte Version unserer Identität. Was uns als Menschen ausmacht und wodurch wir zu uns selbst finden, wie Ängste, Unsicherheiten, Fehler oder die Suche nach Zugehörigkeit, verschwindet in einer Online-Identität, und es verbleibt eine sterile Selbst-Illusion. Während erwachsene Menschen mit dem Druck dieser Identitätsarbeit umgehen und ihre Implikationen einordnen können, befürchtet Turkle, dass die ständige Vernetzung, die allgegenwärtige Öffentlichkeit und die Nicht-Löschbarkeit von Identitätsbausteinen die Identitätsbildung von Teenagern erheblich stören, denn es bleibt kein Raum für Fehler, Suchen und Vergessen.

Eine Studie von Denise Agosto und June Abbas (2017) zeigt jedoch, dass die von Turkle beschriebene Ambivalenz von Online-Identitäten den jungen Menschen heute bewusst ist. Insbesondere ältere Teenager sind nicht naiv hinsichtlich ihrer Datenspuren. Im Gegenteil, sie fühlen sich unwohl bei dem Gedanken, dass Menschen, die sie nicht kennen, ihre Fotos anschauen, und sorgen sich darüber, den Überblick über ihre hinterlassenen persönlichen Daten zu verlieren. Dennoch beteiligen sie sich an sozialen Netzwerken und posten dort Bilder oder Kommentare aus ihrem privaten Leben, weil sie den Erwartungsdruck ihrer Peers verspüren, sich auch an der Online-Selbstdarstellung zu beteiligen.

Souveränität durch Vergessen

Die „Hashtag-Individualisierung" ist offenbar ein soziodigitaler Trend, der die generelle gesellschaftliche Individualisierung beschleunigt – nicht jedoch, ohne die kleinste Einheit, den Menschen, unverändert zu lassen. Vielmehr entstehen persönliche Herausforderungen für den Einzelnen, mit der Spannung zwischen Selbstentfaltung und Zugehörigkeit, digitaler Vielfalt und datentechnischer Unlöschbarkeit umzugehen. Kontrolle und Vertrauen sind auch in diesem Zusammenhang zwei Grundhaltungen, in deren Spannungsfeld sich digitale Souveränität herausbilden muss.

Kontrolle beschränkt den Zugang zu Online-Medien. Diese protektionistische Haltung ist in den Allgemeinen Geschäftsbedingungen der meisten sozialen Netzwerke enthalten; so hat zum Beispiel Facebook für eine Mitgliedschaft eine Altersfreigabe ab 13 Jahren. In der Praxis ist diese von den Unternehmen selbstauferlegte Kontrolle allerdings eine Farce, da es, siehe Facebook, keine Mechanismen gibt, das tatsächliche Alter einer Person zu kontrollieren. Die EU-Datenschutzreform, die 2018 in Kraft tritt, erkennt dies insofern, als soziale Netzwerke nur für Personen ab 16 Jahren freigegeben werden sollen, und die Unternehmen sind angehalten, dies technisch zu kontrollieren oder Einwilligungen der Eltern einzuholen.

Doch auch dies birgt ein Dilemma: Eine Altersfeststellung stellt den Unternehmen für ihre Geschäftsentwicklung einerseits noch mehr Daten kostenfrei zur Verfügung. Andererseits regulieren derartige Maßnahmen komplett an der Lebenswirklichkeit von Teenagern vorbei. Aktivitäten wie das Teilen von Fotos oder Liken gehören bei ihnen zum sozialen Leben; sie jetzt vor dem zu schützen, was man ihnen vorgelebt hat, erscheint zynisch.

Kontrolle erscheint wenig hilfreich – doch wäre Vertrauen in das Verhalten von Nutzern und Unternehmen nicht sehr naiv? Vertrauen suggeriert, dass Nutzer sich der Folgen ihrer Online-Aktivitäten vollkommen bewusst sind beziehungsweise Unternehmen nichts Weiteres tun, als die Infrastruktur für dieses soziale Miteinander bereitzustellen. Gerade jüngste Ausprägungen der Nutzung sozialer Netzwerke und ihr Missbrauch zu politischer Hetze oder Online-Mobbing zeigen, dass Nutzer sich

Abbildung 1.3.2: Die vier Elemente soziodigitaler Souveränität.

nicht der realen Auswirkungen von Online-Diskursen bewusst sind oder aber sie geradezu mit manipulativer Absicht missbrauchen. Ebenso erscheint das Vertrauen in Unternehmen ungerechtfertigt, dass Daten nur für den von den Nutzern beabsichtigten Zweck verwendet werden.

Es ist schwer vorstellbar, dass Souveränität im Kontext sozialer Medien ohne eine Form der Regulation für die Verarbeitung persönlicher Daten zu erreichen ist. Die EU-Datenschutzreform enthält Elemente, die sich als Stärkung individueller Souveränität deuten lassen. Hierzu zählt das „Recht auf Vergessenwerden", das die Löschung personenbezogener Daten sicherstellen soll. Das Recht soll die Nutzer ermächtigen, vormals geteilte persönliche Informationen zu widerrufen, um so die persönliche Datenspur auszuradieren.

Im gleichen Zug sollten die positiven Seiten der Digitalisierung für Individualität und Zusammenhalt gestärkt werden. Ein Beispiel hierzu ist das Programm „Think Big" der Telefónica Stiftung und der Deutschen Kinder- und Jugendstiftung (DKJS)[13]. Über Workshops, Coaching und Finanzierung werden hier Jugendliche zwischen 14 und 25 Jahren inspiriert und dabei unterstützt, ihre technologischen Fähigkeiten auszubauen, um sich sozial zu engagieren. Jugendliche können beispielsweise eine Webseite für inklusive Wohngemeinschaften oder einen YouTube-Kanal gegen Rassismus einrichten. Damit fördert das Programm Fähigkeiten wie digitale Kompetenzen, ermutigt Jugendliche, über die Gestaltbarkeit ihrer Lebenswelt nachzudenken und bettet die digitale Sphäre in größere soziale Zusammenhänge ein.

Mit diesem Ansatz stärkt das Programm auch die Souveränität, denn es ermöglicht das gemeinschaftliche „Basteln" an digitalen Modellen zur sozialen Integration und fördert damit die Identitätsbildung junger Menschen als selbstbestimmte und verantwortungsbewusste Akteure. Diese beiden Beispiele, das Recht auf Vergessenwerden und Think Big, verdeutlichen wiederum, dass Souveränität im Kontext gesellschaftlicher Individualisierung eine Beziehung zwischen dem Einzelnen und den Strukturen ist, in denen sie oder er lebt.

Der Weg zur soziodigitalen Souveränität

Es lassen sich vier Elemente zusammenfassen, die soziodigitale Souveränität kennzeichnen. Diese Elemente markieren eine Haltung, die digitales und soziales Leben verbindet. Sie charakterisieren Zusammenhänge, die durch Konzepte wie Datenschutz oder Medienkompetenz nicht erfasst wurden, sondern erst durch den Begriff der Souveränität als verschiedene Seiten der gleichen Medaille in den Blick geraten.

---

[13] Siehe hierzu: www.think-big.org

Im Fokus stehen die kulturelle und soziale Einbettung digitaler Technologien und der Blick darauf, wie eine souveräne Haltung durch sensibilisierte Maßnahmen gefördert werden kann.

Kompetent durch Erfahrungen

Eine soziale Haltung entsteht durch Interaktionserfahrungen. Dies gilt ebenso für die digitale Souveränität. Ein kompetenter Umgang mit Technologie kann durch erfahrungsbasierte Lernangebote gefördert werden. In Hinblick auf zunehmende soziale Ungleichheit sollten Lernangebote nicht allein spezifisches Anwendungswissen vermitteln, sondern Technologien für eine kreative Aneignung öffnen. Wenn die Blackbox der Technik geöffnet wird, können die Kinder und Jugendlichen einen experimentellen Zugang zu ihr entwickeln und sie in ihre Lebenswelt einbinden, ohne sich eingeschriebenen gesellschaftlichen Kategorien zu unterwerfen.

Das große Ganze mitgestalten

Souveränität ist nicht allein kognitives Anwendungswissen, sondern vielmehr die Beziehung des Einzelnen zur gesellschaftlichen Welt. Ein reflexiver Umgang mit Technologie bedeutet, Digitalisierung als einen Trend zu verstehen, der mit anderen gesellschaftlichen Trends verwoben ist. Eine souveräne Haltung ist von dem Bewusstsein geprägt, dass sich das eigene Handeln innerhalb Strukturen vollzieht, die sich verändern, und es diese mitgestalten kann. Diese Haltung kann sich in einer kritischen Meinung gegenüber der Digitalisierung äußern, die ihre negative Folgen antizipiert und bewusst eine zunehmende Technisierung einzelner Lebensbereiche ablehnt. Im Gegensatz zu destruktivem Alarmismus beginnt eine souveräne Haltung jedoch mit dem Gegenentwurf für eine teilhabegerechte und kulturell sensible Digitalisierung. Kritische Meinungsbildung liegt auf dem Weg zu digitaler Souveränität und sollte in ihrem gestalterischen Wesen gefördert werden.

Selbstbestimmung in der Datenwelt

Die Aufforderung zur Souveränität darf jedoch nicht Verantwortung in Bereichen auf Einzelne abwälzen, in denen keine Gestaltungsmöglichkeiten bestehen. Dies gilt insbesondere für den Umgang mit Daten. Souverän zu handeln bedeutet sehr wohl, sich der eigenen Handlungen bewusst zu sein, aber die rechtlichen Bedingungen müssen auch erlauben, diesem Bewusstsein Folge leisten zu können und Daten selbstbestimmt zu löschen. Eine Spur im Internet zu hinterlassen ist kein isolierter Datenfleck, sondern markiert einen Pfad und steht im vernetzten Kontext anderer Daten. Deswegen bedarf es einer Regulierung, die erkennt, dass Daten erst durch ihren Zusammenhang wertvoll werden und somit auch von den Produzenten der Daten kontrolliert werden sollten. Regulatorisch bedeutet dies, das Recht auf Vergessenwerden automatisiert zu implementieren sowie Bürgern ein Recht auf anbieter-übergreifendes Löschen von Daten einzuräumen.

Identität verantwortungsbewusst entfalten

Wer Chancen zur Persönlichkeitsentfaltung nutzen möchte, muss auch anerkennen, dass digitale Sozialität negative Auswirkungen auf die Identitätsbildung insbesondere von Teenagern haben kann. Hashtags, Likes und Herzchen sind Markierungen, die eine an sich hohle Verbindung herstellen. Es ist eine gesellschaftliche Aufgabe, Kindern und Jugendlichen zu vermitteln, dass Profile in sozialen Netzwerken gesäuberte, sterile Repräsentationen sind und nicht mit der Persönlichkeit eines Menschen gleichgesetzt werden können. Digitale und soziale Souveränität müssen vor diesem Hintergrund parallel entstehen, damit Daten verantwortungsbewusst geteilt werden und soziale Umgangsformen des Respekts das Miteinander prägen. Vermeintlich weiche Kompetenzen wie kulturelles Einfühlungsvermögen oder soziale Kommunikationsfähigkeit gewinnen an Bedeutung und sollten somit auch im Zusammenhang zur digitalen Souveränität gefördert werden.

Ausblick

Die vier Elemente digitaler Souveränität kennzeichnen die Verflechtung von Digitalisierung und gesellschaftlichen Trends. Sie sind ein Plädoyer, digitale und soziale Souveränität als gekoppelt zu verstehen. Damit ist sie alles andere als ein sozialer Selbstzweck. Vielmehr ist sie eine proaktive Position in sehr konkreten sozialen, politischen sowie beruflichen Zusammenhängen.

Auf politischer und sozialer Ebene ist soziodigitale Souveränität eine Position zu Fragen der Teilhabe und Bildung. Dass Menschen in die Lage versetzt werden, neue Technologien einschätzen zu können, ist durch die Verflechtung der Digitalisierung mit dem gesellschaftlichen Leben zu einer grundsätzlichen Frage demokratischer Teilhabe geworden. Dabei geht es nicht darum, Technologie als Heilsbringer zu propagieren, sondern darum, dass Menschen die Wirkweisen der digitalen Logik verstehen. Die grundsätzlichen Fähigkeiten des kritischen Einordnens, Reflektierens und Aufarbeitens von digital erschlossenen Informationen, sollten in den Fokus des öffentlichen Interesses rücken und über Initiativen insbesondere im schulischen Bereich gefördert werden. Ohne diese Kompetenzen ist ein demokratischer Meinungsbildungsprozess in Zukunft kaum noch vorstellbar.

Literatur

Agosto, D. E.; Abbas, J. (2017). "Don't be dumb—that's the rule I try to live by": A closer look at older teens' online privacy and safety attitudes. In: New Media & Society 19 (3), S. 347–365.

Beck, U. (1986). Risikogesellschaft. Auf dem Weg in eine andere Moderne. Frankfurt am Main: Suhrkamp.

Bos, W.; Eickelmann, B.; Gerick, J.; Goldhammer, F.; Schaumburg, H.; Schwippert, K. et al. (Hrsg.) (2014). ICILS 2013 Berichtsband. Computer- und informationsbezogene Kompetenzen von Schülern in der 8. Jahrgangsstufe im internationalen Vergleich. Münster, New York: Waxmann.

Busemann, K. (2013). Wer nutzt was im Social Web? In: Media Perspektiven (7-8), S. 391–399.

Friedrichsen, M.; Bisa, P.-J. (Hrsg.) (2016). Digitale Souveränität. Vertrauen in der Netzwerkgesellschaft. Wiesbaden: Springer.

Giddens, A. (1991). Modernity and Self-Identity. Self and Society in the Late Modern Age. Cambridge, UK: Polity Press.

Groebel, J. (2016). Zur Psychologie der digitalen Souveränität: Bedürfnis, Gewöhnung, Engagement. In: Friedrichsen, M.; Bisa, P.-J. (Hrsg.). Digitale Souveränität. Vertrauen in der Netzwerkgesellschaft. Wiesbaden: Springer, S. 399–413.

Huang, C. (2011). Facebook and Twitter key to Arab Spring uprisings: report. In: The National. Verfügbar unter: www.thenational.ae/news/uae-news/facebook-and-twitter-key-to-arab-spring-uprisings-report, zuletzt zugegriffen am 21.07.2017.

Initiative D21 e. V. (D21) (2016). D21-Digital-Index 2016. Jährliches Lagebild zur Digitalen Gesellschaft. Verfügbar unter: http://initiatived21.de/app/uploads/2017/01/studie-d21-digital-index-2016.pdf, zuletzt zugegriffen am 21.07.2017.

Leisering, L. (2004). Paradigmen sozialer Gerechtigkeit. Normative Diskurse im Umbau des Sozialstaats. In: Liebig, S.; Lengfeld, H.; Mau, S. (Hrsg.). Verteilungsprobleme und Gerechtigkeit in modernen Gesellschaften. Frankfurt am Main: Campus Verlag GmbH, S. 29–68.

Lepping, J.; Palzkill, M. (2016). Die Chance der digitalen Souveränität. In: Wittpahl, V. (Hrsg.). Digitalisierung: Bildung – Technik – Innovation. iit-Themenband. 1. Aufl. Berlin, Heidelberg: Springer, S. 17–25.

Lerman, K.; Yan, X.; Wu, X.-Z. (2016). The Majority Illusion in Social Networks. In: PLoS ONE, 11 (2), S. 1–10.

Mead, G. H. (1976). Geist, Identität und Gesellschaft. Frankfurt am Main: Suhrkamp.

Müller, L.-S. (2016). Das digitale Bauchgefühl. In: Friedrichsen, M.; Bisa, P.-J. (Hrsg.). Digitale Souveränität. Vertrauen in der Netzwerkgesellschaft. Wiesbaden: Springer, S. 267–286.

Sackmann, R.; Weymann, A. (1994). Die Technisierung des Alltags. Generationen und technische Innovationen. Frankfurt am Main, New York: Campus Verlag GmbH.

Schroer, M. (2008). Individualisierung. In: Baur, N.; Korte, H.; Löw, M.; Schroer, M. (Hrsg.). Handbuch Soziologie. Wiesbaden: VS Verlag für Sozialwissenschaften, S. 139–162.

Statista (2017). Anzahl der Personen in Deutschland mit Internetzugang im Haushalt von 2009 bis 2013. Datenquelle: IfD Allensbach. Verfügbar unter: https://de.statista.com/statistik/daten/studie/168864/umfrage/internetzugang-im-haushalt, zuletzt zugegriffen am 28.07.2017.

Stubbe, J. (2016). Material Practice as a Form of Critique. In: Interaction Design and Architecture(s) Journal – IxD&A (30), S. 30–46.

Turkle, S. (1995). Life on the Screen. Identity in the Age of the Internet. New York: Simon & Schuster Paperbacks.

Turkle, S. (2011). Alone Together. Why We Expect More from Technology and Less from Each Other. New York: Basic Books.

Wendt, H.; Vennemann, M.; Schwippert, K.; Drossel, K. (2014). Soziale Herkunft und computer- und informationsbezogene Kompetenzen von Schülern im internationalen Vergleich. In: Bos, W.; Eickelmann, B.; Gerick, J.; Goldhammer, F.; Schaumburg, H.; Schwippert, K. et al. (Hrsg.). ICILS 2013 Berichtsband. Computer- und informationsbezogene Kompetenzen von Schülern in der 8. Jahrgangsstufe im internationalen Vergleich. Münster, New York: Waxmann, S. 265–296.

Kapitel 2

UNTERNEHMEN

Digitale Souveränität – ein mehrdimensionales Handlungskonzept für die deutsche Wirtschaft

–

Privatheit und digitale Souveränität in der Arbeitswelt 4.0

V. Wittpahl (Hrsg.), *Digitale Souveränität*,
DOI 10.1007/978-3-662-55788-4_2, © Der/die Autor(en) 2017

Quellenangaben: Anhang, Quellenverzeichnisse der Zahlen und Fakten

35 Prozent *der deutschen Unternehmen verwenden Big-Data-Lösungen.* **65 Prozent** *der Unternehmen nutzen Cloud Computing.* **81 Prozent** *der Handwerksbetriebe sind generell aufgeschlossen für die Digitalisierung.* **51 Prozent** *aller Unternehmen in Deutschland sind zwischen 2013 und 2015 Opfer von digitaler Wirtschaftsspionage, Sabotage oder Datendiebstahl geworden.* **82 Prozent** *der Deutschen sind am Arbeitsplatz von Digitalisierungsprozessen betroffen,* **30 Prozent** *sehr stark.* **48 Prozent** *sagen, dass digitale Technologien für die Arbeit im Betrieb unverzichtbar geworden sind.* **91 Prozent** *der Internetnutzer finden wichtig zu wissen, welche persönlichen Daten über sie im Internet gespeichert werden – gleichzeitig glauben* **82 Prozent***, dass die meisten Unternehmen die Daten ihrer Kunden auch an andere Unternehmen weitergeben.*

2.1 Digitale Souveränität – ein mehrdimensionales Handlungskonzept für die deutsche Wirtschaft

Christoph Bogenstahl, Guido Zinke

Digitalisierung, intelligente Algorithmen, Big Data, Internet der Dinge, Dienste und Energie, ermöglicht durch eingebettete Technologien (Embedded Technologies), besitzen enorme Innovationspotenziale für die Wertschöpfung. Parallel dazu digitalisiert sich die Arbeitswelt. Unternehmen nutzen Netzwerkstrukturen und offene Innovationssysteme. Und nicht erst durch die zu erwartende Reindustrialisierung wird das produzierende Gewerbe wieder aufleben – vor allem in Deutschland.

Um komparative Vorteile für die deutsche Wirtschaft zu erhalten, sind nicht nur Investitionen in digitale Technologien notwendig, sondern auch in die Fähigkeiten, diese selbstbestimmt zu nutzen und die Entscheidungshoheit – einhergehend mit einer hinreichenden Verfügbarkeit von Daten – im digitalen Raum zu bewahren. Für innovative Volkswirtschaften wird die digitale Souveränität zum entscheidenden Entwicklungsfaktor für die Zukunft.

Spezialisierungsvorteile in der Produktionstechnik aufgrund hoher Leistungsfähigkeiten in Forschung und Entwicklung sowie der Freisetzung von innovativen Produktionstechnologien waren seit jeher jene Triebfedern, die Deutschlands Aufstieg zu einer der weltweit führenden Industrienationen ebneten. Industrie 4.0 und der Ein-

---

Der lange Schatten der Industrie 4.0

Die Industrie 4.0 ist eine Folge von Trends, die zum Teil bereits seit 70 Jahren laufen. So waren „flexible Automatisierung" oder „Stückzahl Eins" Schlagworte, die schon in die 1980er Jahre – mit der Diskussion um die Folgen neuer Technologien, vollautomatische Produktion und maschinendominierte Arbeitswelten in Science-Fiction-Romanen – passten.

Und die Verschmelzung von Identifikations-, Kommunikations- und Informationssystemen mit Produktentwicklung, Produktion und Logistik hat ihren Ursprung bereits in Rohrpostsystemen, Telefonen und Telegrafen. Mit den neuen digitalen Technologien und der Ausprägung von Internet der Dinge, Internet der Dienste, Internet der Personen oder Industrial Internet wird ein vorläufiger Höhepunkt erreicht. Nun geht es um die komplexe Vernetzung eingebetteter Systeme miteinander und mit anderen Datenverarbeitungsgeräten über lokale und globale Netze, Daten- (Grid-/Cloud-Computing) und Kommunikations-(infra)strukturen.

Textbox 2.1.1: Der lange Schatten der Industrie 4.0

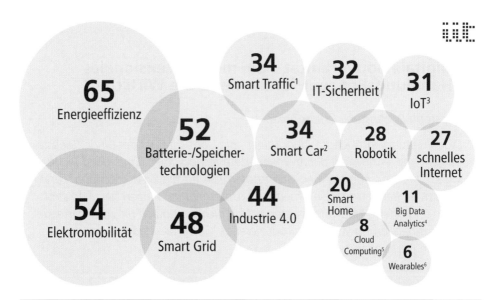

Abbildung 2.1.1: Technologiebereiche mit großen Potenzialen für den Standort Deutschland (in Prozent der Zustimmungen)[1]. Quelle: in Anlehnung an VDE 2016; eigene Darstellung

satz digitaler Technologien schaffen neue Potenziale für die deutsche Volkswirtschaft, die genutzt werden müssen, um Spitzenpositionen zu halten und weiter auszubauen.

Profitieren werden nicht nur solche Wirtschaftszweige, die man gemeinhin schnell mit digitalen Lösungen in Zusammenhang bringt, wie etwa die Branchen Informations- und Kommunikationstechnik, Elektronik, Maschinen- und Anlagenbau oder Automobilwirtschaft. Profitieren werden auch jene Wirtschaftszweige, bei denen die Digitalisierung kein unmittelbar offensichtlicher Bestandteil der Wertschöpfung ist. In der Agrar- und Landwirtschaft zum Beispiel sind digitale Vernetzung und eine über Navigationssatelliten geführte autonome Steuerung von Landmaschinen schon heute alltäglich. Auch einer plattformbasierten Integration vieler Klein- und Kleinstbetriebe wird erhebliches Potenzial zugesprochen, da Unternehmen sich so effizienter austauschen und höhere Sichtbarkeiten sowie größere Angebotsreichweiten erreicht werden können (vgl. Bauer et al. 2014).

---

[1]   *Hinweise: (1) einschließlich intelligente Verkehrssteuerung; (2) einschließlich autonomen Fahren; (3) Internet of Things = Internet der Dinge; (4) einschließlich Data Mining (systematische Anwendung statistischer Methoden auf große Datenbestände / Big Data); (5) Bereitstellung von IT-Infrastruktur (Speicherplatz, Rechenleistung, Software) über das Internet; (6) tragfähige Datenverarbeitungsgeräte*

Große Potenziale aus der Digitalisierung werden für den deutschen Wirtschafts-standort vor allem in den in der Abbildung 2.1.1 dargestellten Technologiebereichen erwartet (vgl. VDE 2016).

Zugleich macht die Digitalisierung nicht Halt vor der Arbeitswelt. Mittlerweile schaffen die internetbasierte Bereitstellung von IT-Infrastruktur (Cloud Computing) und technische Möglichkeiten zur virtuellen Realität (Wahrnehmung der Wirklichkeit in einer computergenerierten, interaktiven virtuellen Umgebung) erhebliche Erleichterungen am Arbeitsplatz (siehe Textbox 2.1.2). Reisezeiten und Umweltbelastungen können reduziert werden, wenn Meetings vermehrt in virtuellen Konferenzräumen, gegebenenfalls unterstützt von holografischen Projektionen, stattfinden.

Noch stärkeren Einfluss wird die künstliche Intelligenz auf bekannte Arbeitsformen haben. Lern- und sehr leistungsfähige neuronale Netze (Deep Learning) sind immer mehr in der Lage, eigentlich menschliche Fähigkeiten zu substituieren: Mimik zu erkennen, Maschinen zu warten und Krankheiten zu diagnostizieren. Nicht immer sichtbar, aber umfangreich wird künstliche Intelligenz schon in der Personalgewinnung, im Marketing als digitale textbasierte Assistenz (Chat Bots) oder in Legal Techs (siehe Textbox 2.1.3) eingesetzt. Im Bereich der autonomen Systeme und Robotik entlasten kollaborative Roboter, kurz Cobots, ihre menschlichen Kollegen, denn sie können mit dem Menschen – beispielsweise bei schweren körperlichen Montagearbeiten – sicher Hand in Hand zusammenarbeiten.

Autonome, intelligente und lernende Systeme werden so immer häufiger und immer unmittelbarer mit dem Menschen interagieren, und das bei immer komplexeren Aufgabenstellungen. Mehr und mehr entsteht somit eine allgegenwärtige Präsenz des Digitalen (Augmented Intelligence), die assistiert, menschliches Entscheiden in einer Vielzahl von Einsatzbereichen unterstützt – und auch ersetzt. Diese vorhersehbare

Virtuelle Präsenz am Arbeitsplatz

Orts- und zeitunabhängiges Arbeiten bietet große Chancen für die Flexibilisierung der Lebensarbeitszeit, ermöglicht individuelle Zeitsouveränität und verbessert die Vereinbarkeit von Familie und Beruf. Cloud Computing und virtuelle (Arbeitsplatz-)Realitäten werden dies enorm erleichtern. Noch werden erste Anwendungen für ihren professionellen Einsatz erprobt. Aber in den kommenden Jahren sind Sprünge in der Auflösung, der Tiefenschärfe, dem Sichtfeld, der Grafik und dem maschinellen Sehen zu erwarten, die die Durchdringung von Arbeitsplatz-Telepräsenz und das Eintauchen in die virtuelle Umgebung beschleunigen werden. Nicht zu vergessen ist dabei auch, dass eine virtuelle Präsenz negative Effekte des mobilen Arbeitens, wie etwa ein fehlender persönlicher Austausch oder das Gefühl der Desintegration, deutlich abmildern könnte. Virtuelles Arbeiten erfordert allerdings ein hohes Maß digitaler Souveränität, insbesondere ausgeprägte digitale Kompetenz und Akzeptanz digitaler Lösungen.

Textbox 2.1.2: Virtuelle Präsenz am Arbeitsplatz

Entwicklung weckt selbstverständlich auch Ängste. Denn da, wo Kollege Computer in den 1980er Jahren Arbeitsplätze umkrempelte, wird dies künftig der Kollege Roboter tun – oder genauer: der neue künstlich-intelligente Kollege (vgl. IBM 2017). Kaum ein deutsches Unternehmen wird sich der Digitalisierung, ihren Entwicklungen und Auswirkungen entziehen können oder auf ihre Potenziale verzichten wollen. Somit ist die Digitalisierung ein zentrales Innovationsfenster mit Blick auf die Zukunft der deutschen Volkswirtschaft.

Digitale Souveränität: Ableitung eines mehrdimensionalen Handlungskonzepts

Wenn das Innovationspotenzial der Digitalisierung voll ausgenutzt werden soll, müssen alle Beteiligten lernen, souverän mit neuen technologischen ebenso wie strukturellen Anforderungen umzugehen. Dementsprechend hat der Begriff der Digitalen Souveränität Konjunktur. Im Mittelpunkt der Diskussionen in Deutschland stehen Aspekte der IT-Sicherheit und vertrauenswürdige IT-Infrastrukturen.

Bereits in ihrem Koalitionsvertrag von 2013 identifizierte die Bundesregierung einen Handlungsbedarf und hat sich zur Rückgewinnung technologischer Souveränität bekannt sowie Maßnahmen angekündigt – darunter das Fördern vertrauenswürdiger IT- und Netzinfrastrukturen, sicherer Soft- und Hardware sowie sicherer Cloud-Technologien (vgl. BR 2013). Sie zielt vor allem darauf, digitale Autonomie und Souveränität als notwendige Voraussetzung für die Entwicklung eigener IKT-Systeme in Deutschland auszuprägen (vgl. BMWi 2014).

Automatisierte Rechtsberatung

In den USA entstanden innerhalb kurzer Zeit hunderte digitaler Rechtsberatungen (Legal Techs). Der Branchenprimus LegalZoom, der unter anderem in Fragen zu Urheber-, Immobilien- und Gesellschaftsrecht berät, hat bereits über zwei Millionen Kunden. Hierzulande stecken Legal Techs noch in den Kinderschuhen. Allerdings wird die digitale Rechtsberatung in Deutschland – weitgehend ohne öffentliche Wahrnehmung – stark vorangetrieben. Kürzlich schuf der Gesetzgeber das „besondere elektronische Anwaltspostfach" (beA), das Rechtsanwälten die sichere elektronische Kommunikation untereinander, mit Kammern sowie mit Behörden ermöglicht. Sämtliche Bundesgerichte nehmen bereits teil, ab 2020 auch alle Zivil-, Arbeits-, Finanz-, Sozial- und Verwaltungsgerichte.

Das Potenzial ist aus Sicht der Kunden groß, wenn oft teurer juristischer Rat erschwinglich wird, leichter zu bekommen ist sowie die Prüfung und Durchsetzung von Verbraucherrechten leichter erfolgen kann. Datensicherheit ist hier eine Grundvoraussetzung für die Akzeptanz von Legal Techs. Denn: Legal Techs benötigen im besonderen Maße sichere und vertrauenswürdige digitale Infrastrukturen.

Textbox 2.1.3: Automatisierte Rechtsberatung

Trotz aller Diskussionen und Ankündigungen fehlt in Deutschland bislang jedoch eine einheitliche Definition der digitalen Souveränität – gerade auch, um aus ihr ein Handlungskonzept für die Wirtschaft abzuleiten. Der Digitalverband Bitkom, der rund 2.400 Unternehmen der deutschen Digitalwirtschaft vertritt, versteht unter

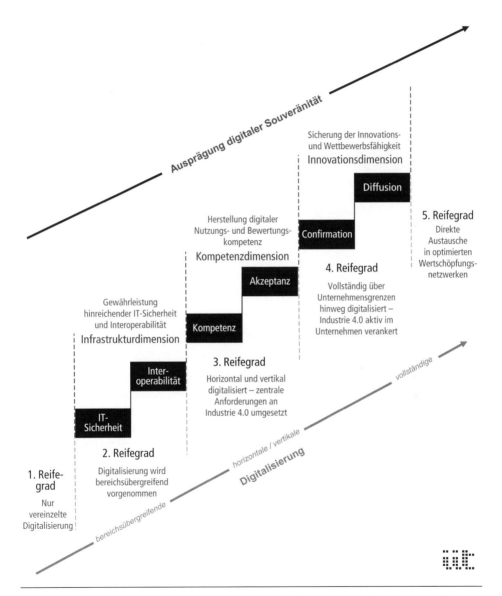

Abbildung 2.1.2: Dimensionen einer digitalen Souveränität als Erfolgsfaktoren im Reifemodell der Digitalisierung. Quelle: in Anlehnung an BMWi 2016 und Nissen et al. 2016; eigene Darstellung

digitaler Souveränität „die Fähigkeit zu Selbstbestimmung im digitalen Raum – im Sinne eigenständiger und unabhängiger Handlungsfähigkeit" von Unternehmen (Bitkom 2015, S. 4). Der Bundesverband der Industrie (BDI) fasst unter dem Begriff vor allem Cybersicherheit, Vorhandensein notwendiger Bewertungskompetenzen und auch eine Wettbewerbschance für deutsche Unternehmen zusammen. Mit Blick auf die skizzierten Heraus- und Anforderungen an eine digitale Souveränität versucht dieser Beitrag eine eigene Definition volkswirtschaftlicher digitaler Souveränität – über drei aufeinander aufbauende Dimensionen entlang eines Reifegradmodells der Digitalisierung in Unternehmen (siehe Abbildung 2.1.2).

Infrastrukturdimension

Ausgangsbedingung digitaler Souveränität ist eine leistungsfähige, sichere und inter-operable IT-Infrastruktur, die den Schutz der darin stattfindenden Aktivitäten gewähr-leistet, sei es Forschung an neuen digitalen Technologien oder die Entwicklung digi-taler Dienstleistungen und Produkte.

Die wachsende Ausgestaltung des Internet of Things[2] hin zu einem Internet of Eve-rything, also einem Überall-Internet, stellt höhere Anforderungen an IT-Sicherheit. Damit einhergehend werden sich die Maschine-Maschine-Kommunikation (M2M) und das Cloud Computing weiterentwickeln. Aktuell häufigste Angriffsziele von Schadsoftware sind dementsprechend auch die internen IT-Systeme und Kommuni-kationsstrukturen der Unternehmen. Die Infrastrukturen müssen künftig nicht nur leistungsfähig sein, sondern auch sicher mit digitalen Plattformen und Netzwerken kommunizieren können. IT- und Datensicherheit ist somit die *conditio sine qua non* der digitalen Souveränität.

Neben der IT-Sicherheit erfordert die wachsende technologische Vernetzung zwi-schen Unternehmen und diejenige mit ihren Endkunden interoperable und flexibel integrierbare Systeme aus den teils sehr heterogenen digitalen Technologien. Die Komponenten der Infrastruktur sollten deshalb untereinander kompatibel und aus-tauschbar sein, um die Flexibilität und Lebendigkeit des Innovationssystems zu erhal-ten und fortzuentwickeln. So können auch Netzwerkeffekte über einzelne Industrien hinweg erzeugt werden. Dies ist eine entscheidende Voraussetzung, um Effekte einer zunehmend vertikalen, digitalen Transformation in Richtung kollaborativer Wertschöpfungsnetze zwischen Unternehmen zu nutzen.

---

[2] *Das Internet of Things (IoT), auch als Internet der Dinge bezeichnet, ist ein Netzwerk physischer Objekte, in das Kommunikationstechnologien direkt eingebunden sind. Diese ermöglichen eine direkte Kommunikation und Interaktion sowohl zwischen den physi-schen Objekten im Netzwerk als auch mit externen Objekten.*

Kompetenzdimension

Aus all diesen Gründen brauchen Nutzer und Anbieter ausreichende digitale Kompetenzen, um souverän mit Daten umgehen und die Sicherheit und Vertrauenswürdigkeit vorhandener IT-Infrastruktur beurteilen zu können. Digitale Schlüsselkompetenzen sind dafür nicht nur aufzubauen, sondern auch kontinuierlich fortzuentwickeln, damit die Beteiligten die Entstehung neuer Kompetenzanforderungen erkennen und sich diese auch aneignen können (vgl. Krings 2015).

Der digitalen Kompetenz von Anbietern sollte dabei eine hinreichende digitale Kompetenz der Nutzer gegenüberstehen, denn diese bestimmen letztlich über ihre Akzeptanz der Digitalisierung die Nachfrage. So erzeugen digital geprägte Produkte, Dienstleistungen und entsprechende Hybridformen auf der Nachfrageseite nur dann einen Mehrwert, wenn ein hohes Maß an Vertrauen in das Angebot aufgebaut werden kann (vgl. Bitkom 2016). Anbieterkompetenz einerseits und Nutzerkompetenz mit Digitalakzeptanz andererseits bedingen folglich einander.

Zusammengefasst erweist sich digitale Bildung als Grundvoraussetzung für die Ausprägung einer digitalen Souveränität. Eine solche Kompetenz erwerben Menschen durch die Vermittlung relevanten Wissens in der Schule oder anderen Bildungseinrichtungen, oder sie eignen sich diese individuell an – insbesondere, indem sie sich mit den Risiken und Möglichkeiten digitaler Technologien auseinandersetzen.

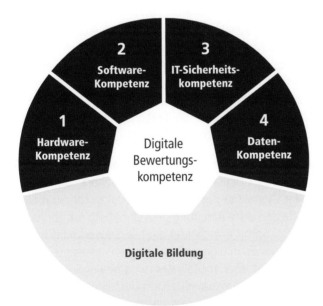

Abbildung 2.1.3: Bestandteile digitaler Bewertungskompetenz

Der Aufbau von (1) Hardware-Kompetenz ist ein übliches Ergebnis kontinuierlicher digitaler Bildung. Hierbei gilt es, grundsätzliche Kenntnisse über die Funktionsweise von Sensoren, Mikrocontrollern, Speicher- und Kryptochips sowie der Mikro- und Nanoelektronik zu vermitteln. Dies sollte mit der Entwicklung von (2) Software-Kompetenzen einhergehen, um technische Eigenschaften von Plattformen, Schnittstellen und anderen Bereichen zu verstehen. Besteht darüber hinaus (3) IT-Sicherheitskompetenz, ist der Nutzer in der Lage, Qualität, Sicherheit und Verlässlichkeit von digitalen Produkten und Dienstleistungen sachgerecht einzuschätzen sowie die geeigneten Mittel auszuwählen, um sich vor Missbrauch und Angriffen auf technische Einrichtungen zu schützen. Mit der Zunahme des Einsatzes von Big- und Smart-Data-Lösungen, Cloud Computing, Plattformen und Mobile-Business-Systemen steigen auch die Anforderungen an eine (4) Daten-Kompetenz. Sie umfasst nicht nur das Wissen um Auswertungsmöglichkeiten und Leistungsfähigkeit solcher Systeme und die rechtlichen Rahmenbedingungen des Datenschutzes. Vielmehr zählen hierzu auch Kenntnisse über die Möglichkeiten, Datenverluste zu vermeiden – insbesondere auch im mobilen Bereich – und unberechtigte Zugriffe Dritter zu verhindern. In einer entwickelten Plattformökonomie sollten Nutzern nicht zuletzt die Funktionsweisen von Plattformen und die damit verbundenen Gefahren von Marktabschottungen, Ausnutzen von Marktmacht und Datenmissbrauch bekannt sein (vgl. BMWi 2016).

Innovationsdimension

Mit der Ausprägung der Infrastruktur und Kompetenz erlangt ein Unternehmen Daten- und Technologiesouveränität. Die Innovation stellt sich darauf aufbauend über eine souveräne digitale Wertschöpfung (Wertschöpfungssouveränität) und souveräne Freisetzung digitaler Innovationen (Innovationssouveränität) ein. Die Innovationsdimension digitaler Souveränität ist also die abhängige Variable zur Infrastruktur- und Kompetenzdimension digitaler Souveränität, da sie der Ausprägung der Infrastruktur- und Kompetenzdimension bedürftig ist.

Digitale Wertschöpfungssouveränität erreicht ein Unternehmen, wenn es die Produktivität von Investitionen in digitale Technologien sichert. Unter der Voraussetzung, dass der Grad der Digitalisierung die Grenzproduktivität eines Unternehmens beeinflusst, entspricht dessen erste Ableitung, mathematisch ausgedrückt, dem Grad der digitalen Souveränität. Somit entscheidet digitale Souveränität letztendlich über den Ertrag aus den Investitionen in digitale Technologien. Investiert ein Unternehmen in digitale Technologien, nicht aber in Maßnahmen digitaler Souveränität, wird sich folglich relativ schnell eine abnehmende Grenzproduktivität der Digitalisierung einstellen. Der Grund hierfür ist einerseits, dass etwa aufgrund fehlender IT-Sicherheit Schadkosten oder aufgrund fehlender Interoperabilität hohe Wechsel- sowie Risikokosten einer technologischen Pfadabhängigkeit entstehen können. Derartiges beeinträchtigt die Erträge aus der Digitalisierung erheblich. Andererseits wird die Grenzproduktivität der Digitalisierung abnehmen, wenn eine fehlende oder eine nur unzureichende Nutzungskompetenz die Investitionseffizienz digitaler Technologien sinken lässt, weil Mitarbeitende von ihnen nicht, nicht hinreichend oder falsch Gebrauch machen können. In diesem Fall bleibt der digitale Return on Investment aus oder zumindest hinter den Erwartungen zurück.

Wenn digitale Innovationen aus Kundensicht einen erkennbaren Mehrwert erzeugen, leicht zu übernehmen und beherrschbar sind, also eine nicht zu hohe Komplexität aufweisen, dann muss das anbietende Unternehmen Innovationssouveränität erlangen, die eng an einen Beitrag zur Konsumentensouveränität geknüpft ist. Über die Adaptions- und Diffusionsrate auch digitaler Innovationen entscheidet dann vor allem die Fähigkeit der Unternehmen, wie sie den Grad ihrer digitalen Souveränität als Mehrwertversprechen gegenüber potenziellen Kunden verdeutlichen können.

Dies gelingt nicht immer. So revidieren Konsumenten häufig ihre Entscheidungen für oder gegen innovative Produkte und Dienstleistungen, schlicht weil Informationen

---

Signalisierung digitaler Souveränität

Mag hohe Datensicherheit bei Musikempfehlungen für Streaming-Dienste noch keine große Rolle spielen, da viele Kunden sich nicht daran stören, wenn internationale Server Informationen über ihre Vorlieben speichern und verarbeiten, sieht das bei wissensintensiven Dienstleistungen anders aus.

Bei Legal Techs etwa müssen Dienstleister (= Anwaltskanzlei) und Kunden (= Mandanten) einander sehr viel mehr vertrauen können. Auch in der Telemedizin existiert eine mindestens ebenso sensible Beziehung: das Arzt-Patient-Verhältnis. In beiden Fällen – Legal Tech oder auch Telemedizin – muss die Technologie ein enorm hohes Sicherheitsversprechen einlösen und die extrem sensible, vertrauensbasierte Beziehung zwischen Erbringer und Empfänger einer wissensintensiven Dienstleistung unterstützen oder gar teilweise selbstständig erbringen.

Aus diesem Zusammenhang entstehen zugleich gänzlich neue Betreibermodelle – und zwar nicht trotz, sondern wegen der hohen Datenschutzanforderungen in Deutschland. So wird Microsoft die Server für seine Cloud-Computing-Systeme künftig in München ansiedeln. Damit verbunden ist das Mehrwertversprechen, dass die dort gespeicherten Daten gemäß der deutschen Datenschutzgesetzgebung deutlich sicherer vor Zugriffen wären als andernorts.

Auf IT-Sicherheit und Datenschutz „Made in Germany" setzt auch die ebenfalls in München ansässige Myra Security GmbH. Das innovative Technologieunternehmen ist einer der führenden Anbieter für Distributed Denial of Service DDoS-Schutz- und Web-Performance-Lösungen. Das deutsche Unternehmen profitiert ebenfalls von den hohen Datenschutzstandards in Deutschland und Europa. Inzwischen ist Myra auch deshalb ein ernst zu nehmender Konkurrent für einstige US-amerikanische Platzhirsche mit einem stetig wachsenden Marktanteil.

Textbox 2.1.4: Signalisierung digitaler Souveränität

fehlen. Und selbst typische frühe Anwender (Early Adopters) hören bei mangelnder Auskunft auf, Innovationen zu nutzen. Dies wiederum wird von Nachzüglern, den sogenannten „Late Adopters", beobachtet, die in einer solchen Situation ihre Konsumentscheidung möglicherweise weiter hinauszögern oder direkt negativ treffen. Unternehmen sind also gehalten, frühe Kundenakzeptanz aufzubauen, auch um eine späte und nachhaltige Kundenakzeptanz zu sichern.

Im digitalen Zeitalter gewinnt daher das Signalisieren digitaler Souveränität (Signalling) durch die Unternehmen erheblich an Bedeutung. Dieses signalling knüpft sich an die Vertrauenswürdigkeit des Produkts und an die digitale Souveränität des Anbieters. Statt den Konsumenten also mit seinen aktuellen Sorgen, Befürchtungen und auch Ängsten allein zu lassen, die er möglicherweise durch neues Wissen im Laufe der Zeit abbaut, können Unternehmen frühzeitig darstellen, dass ein hinreichendes Maß an digitaler Souveränität dank ausreichender Datensicherheit, flexibler, interoperabler und risikofreier Technologien und entsprechend kompetente Mitarbeitende vorhanden ist. Ist der daraus gewonnene relative Marktvorteil hoch, steht zu erwarten, dass die Diffusionsrate des Angebots sich erhöht. Und umgekehrt: Gelingt es dem Unternehmen nicht, glaubhaft einen Vorteil zu signalisieren, wird die Diffusionsrate durch höhere Abbruchraten beeinträchtigt.

Eine hinreichende IT-Sicherheit und Interoperabilität zu gewährleisten in Verbindung mit der Herstellung digitaler Nutzungs- und Bewertungskompetenz kann somit als notwendige Bedingung einer erfolgreichen Digitalisierung gelten. Gleichzeitig ist die digitale Souveränität Treiber von Wettbewerbsfähigkeit und Innovation und damit hinreichende Bedingung für eine erfolgreiche Digitalisierung.

Stand der digitalen Souveränität in Deutschland und Handlungserfordernisse

Hinter „Digitaler Souveränität" steckt also ein facettenreiches Konzept, das – von den Unternehmen – hohe Anforderungen an den Erhalt der Wettbewerbs- und Innovationsfähigkeit einer Volkswirtschaft stellt, aber auch Chancen schaffen kann. Doch wie steht es um die digitale Souveränität in der deutschen Volkwirtschaft? Und welche Handlungserfordernisse ergeben sich daraus?

Digitale Souveränität als notwendige Bedingung einer erfolgreichen Digitalisierung verstehen

Die Integration digitaler Technologien in deutsche Unternehmen erfolgt mit zunehmender Dynamik (vgl. BMWi 2014), wenn auch immer noch Nachholbedarf im internationalen Vergleich besteht (vgl. Bitkom 2016). So wuchs der Grad der Digitalisierung in der deutschen Wirtschaft zuletzt beständig: Erreichte er auf dem D21-Digital-

Index im Jahr 2015 noch 49 von 100 Indexpunkten, betrug der Wert 2016 bereits 55 und soll Voraussagen gemäß auf 58 Indexpunkte bis im Jahr 2022 steigen.[3]

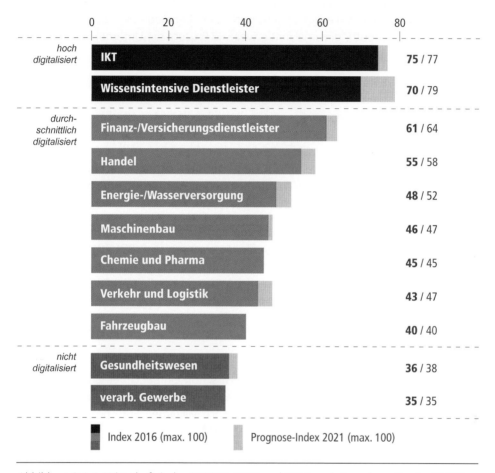

Abbildung 2.1.4: Wirtschaftsindex DIGITAL 2016 und 2021 nach Branchen. Quelle: BMWi 2016, BMWi 2014 und D21 2017; eigene Berechnung[4]

---

[3] *Der D21-Digital-Index stellt jährlich den Digitalisierungsgrad in Deutschland bevölkerungs-repräsentativ dar, indem er rund 30.000 Personen ab 14 Jahren einbezieht. Der D21-Digital-Index setzt sich zusammen aus den vier unterschiedlich gewichteten Dimensionen Zugang, Nutzung, Kompetenz und Offenheit und wird auf einer Skala von 1 bis bestmöglichen 100 Punkten berechnet. Internetseite: www.initiatived21.de*

[4] *Eigene Berechnung, n=924; Clusterung relativ zur gewerblichen Wirtschaft (Index 2016=55 Punkte): hoch digitalisiert: ≥70 Punkte; durchschnittlich digitalisiert: 40–69 Punkte, niedrig digitalisiert: ≤ 39 Punkte*

Dabei differenziert sich der Digitalisierungsgrad zwischen den Branchen deutlich aus (vgl. BMWi 2014). Und es sind vor allem kleine und mittelständische Unternehmen – also 99 Prozent aller deutschen Unternehmen –, bei denen großer Nachholbedarf besteht. Gleichwohl hat die Digitalisierung für die überwiegende Mehrheit (85 Prozent) eine hohe Bedeutung, zumal mittlerweile 43 Prozent der Unternehmen Umsätze überwiegend digital generieren (vgl. BMWi 2014).

Im internationalen Vergleich der digitalen Leistungsfähigkeit belegt Deutschland mit 53 von 100 Punkten im Digital-Index Platz sechs (vgl. BMWi 2014). Diese Platzierung resultiert aus einer vergleichsweise schwachen globalen Marktstärke (Angebot und Nachfrage, Umsätze und Exporte) der digitalen Wirtschaft, daneben werden aber auch Schwächen in der Infrastruktur (technische Infrastrukturen und wirtschaftspolitische Rahmenbedingungen) und Nutzungsintensität digitaler Technologien, Produkte und Services (Nutzung sowie Offenheit gegenüber technologischen Neuerungen) genannt.

Mit dieser Entwicklung und den Herausforderungen im internationalen Wettbewerb wird auch der Grad der digitalen Souveränität wachsen (vgl. BDI 2016). Allerdings müssen sich hierfür nicht nur Regularien und Rahmenbedingungen sowie die Unterstützung von Investitionen in Maßnahmen zur Steigerung digitaler Souveränität verbessern, sondern auch die Bemühungen um Standardisierung.

Investitionen in IT-Sicherheit stärken, um Staus bei Investitionen in digitale Technologien zu vermeiden

Bereits jedes zweite deutsche Unternehmen ist schon einmal Opfer eines IT-Angriffs (Spionage, Sabotage und Datendiebstahl) gewesen. Der damit verbundene volkswirtschaftliche Schaden beläuft sich auf rund 51 Milliarden Euro beziehungsweise auf 1,6 Prozent des Bruttoinlandsprodukts (2015) (vgl. bitkom reserach 2015). Die Mehrheit (65 Prozent) der deutschen Unternehmen ist sich darüber im Klaren und schätzt das Risiko von IT-Angriffen entsprechend hoch ein. Für drei von vier deutschen Firmen ist IT-Sicherheit deshalb nicht nur eine sehr wichtige, nicht zu vernachlässigende Aufgabe, sondern auch eine Grundvoraussetzung für die Digitalisierung. Technologisch sieht sich allerdings nur jedes zweite Unternehmen gut aufgestellt.

Es stellt sich in den Unternehmen weniger die Frage, ob es zu einem Cyber-Angriff kommt, sondern lediglich, wann dieser erfolgen wird. Herausfordernd für die digitale Souveränität ist, dass Sicherheitsbedenken im IT-Bereich das digitale Engagement in den Unternehmen und damit notwendige Investitionen bremsen können. Wird wiederum stärker in die Digitalisierung investiert, sind gleichzeitig Investitionen in Sicherheit notwendig. Auch dies kann Digitalisierungsaktivitäten verlangsamen. Wie auch immer diese Entscheidungen ausfallen, in jedem Fall haben sie erhebliche Auswirkungen auf die Unternehmensentwicklung (vgl. Bundesdruckerei 2016).

Standardisierung über offene Standards vorantreiben, um Interoperabilität sicherzustellen

Interoperabilität verhindert Lock-In-Risiken für Unternehmen, also systemische Technologieabhängigkeiten. Die Herstellung von Interoperabilität ist damit neben IT-Sicherheit ein zweiter zentraler Treiber zur Ausprägung der Technologiesouveränität und damit Teil einer notwendigen Bedingung digitaler Souveränität. Besonders für kleine und mittlere Unternehmen ist Interoperabilität ein strategischer Faktor, um Marktzugänge zu sichern oder zu ermöglichen. Dringenden Nachholbedarf sieht hier jede zweite deutsche Firma (vgl. acatech 2016).

Abhilfe schaffen offene und international einheitliche Standards, die mehr Flexibilisierung und Modularität ermöglichen. Zudem würden sie das Investitionsrisiko abbauen und damit auch den im Falle von Interoperabilität häufig auftretenden Pinguin-Effekt[5] minimieren können (vgl. acatech 2016). Hierzu sind die heterogenen Systeme, Architekturen, Datenaustauschformate, Semantiken, Taxonomien, Ontologien und Schnittstellen über interoperable Schnittstellen und offene Standards spezifisch zu standardisieren. Geschieht dies nicht, entstehen unverbundene proprietäre Insellösungen und digitale Ökosysteme werden geschwächt.

Digitale Bildungsangebote und lebenslange Kompetenzvermittlung ausbauen

In vielen deutschen Unternehmen mangelt es den Beschäftigten noch an der Fähigkeit zur Bewertung, was letztlich die digitale Souveränität schwächt und zu relevanten Entwicklungshemmnissen in der Digitalisierung führen kann. Auch diese Herausforderung ist den deutschen Unternehmen bereits bewusst: So ist die Digitalkompetenz der Mitarbeiter aus Sicht von neun von zehn Führungskräften für die weitere Unternehmensentwicklung ausschlaggebend, und 70 Prozent der Firmen sehen gerade darin einen starken Nachholbedarf. Mit Blick auf den D21-Digital-Index ist ein leichter Rückgang des Digitalisierungs-Gesamtindex in der Gesamtbevölkerung von 52 auf 51 Punkte festzustellen, bedingt durch Negativtrends in den Teilindizes „Kompetenz" und „Offenheit" (vgl. D21 2017). Dies betrifft sowohl die Beschäftigten als auch die Bevölkerung insgesamt, wenngleich die Kompetenzen zur Bewertung seitens der Anbieter (Beschäftigte in Unternehmen) deutlich besser sind als diejenigen der Anwender (Bevölkerung).

---

[5] *Pinguin-Effekt: Der Pinguin-Effekt beschreibt das Phänomen, dass die Ausbeute einer bestimmten Anwendung umso geringer ist, je kleiner die Anzahl der Nutzer ist. Wie hungrige Pinguine, die aus Angst vor Fressfeinden zunächst abwarten, bis der erste Artgenosse ins Wasser springt, verhalten sich auch häufig investierende KMU. Diese halten ihre Investitionen, trotz hohen Interesses, solange zurück, bis Standards oder Interoperabilität etabliert sind. Andernfalls besteht für sie ein Lock-In-Risiko.*

Ursächlich dafür ist, dass sich drei Viertel der Beschäftigten ihre digitalen Kompetenzen überwiegend im Arbeitsalltag angeeignet haben, wobei der Einsatz niedrig-
schwelliger digitaler Arbeitsmittel (Textverarbeitungsprogramme, Kommunikations-
tools) überwiegt. Zugleich besteht ein ausgeprägter Informationsbedarf über die
Möglichkeiten digitaler Technologien in Firmen. Immerhin erwarten acht von zehn
Beschäftigten in großen Unternehmen, dass sie dank digitaler Lösungen effizienter
arbeiten könnten. Andererseits beeinträchtigt neben fehlendem Wissen um die Nut-
zungsmöglichkeiten auch eine gewisse Verschlossenheit, wenn nicht gar Ablehnung,
der Mitarbeiter gegenüber digitalen Lösungen die Effizienz der betrieblichen Investitionen in digitale Technologien. So befürchtet jeder fünfte Beschäftigte, mit der Einführung digitaler Technologien schnell überfordert zu sein (vgl. Sopra Steria 2016).
Zugleich sind die Bürger in Deutschland noch weniger in der Lage, die Digitalisierung
zu bewerten. Ursächlich sind im Kern die gleichen Defizite: mangelnde schulische
Vermittlung, Fehlen geeigneter Weiterbildungen, emotionale Ablehnung digitaler
Technologien und Misstrauen sowie Überforderungsängste gegenüber der sehr
dynamischen Entwicklung (vgl. D21 2017).

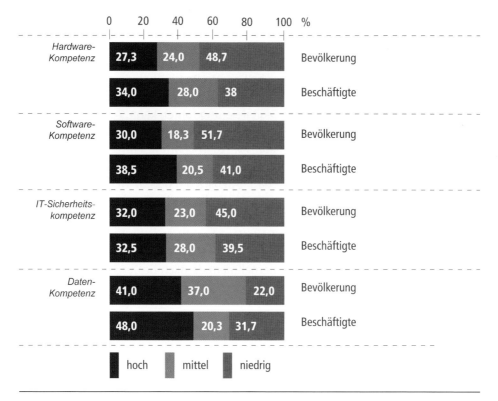

*Abbildung 2.1.5: Ausprägung der Bestandteile einer Bewertungskompetenz Anbieter und
Anwender. Quelle: D21 2017; eigene Berechnungen*

Auf die digitale Souveränität wirkt sich diese Situation ungünstig aus. So kann der Mangel an digitaler Bewertungskompetenz dazu führen, dass Sicherheitsrisiken nicht richtig eingeschätzt werden, wodurch die Gefahr von erfolgreichen IT-Angriffen wächst. Diese Schwäche kann zudem die Einführung digitaler Technologien behindern, da Beschäftigte diese nicht oder nicht im effizienten Maße nutzen können. In der Folge beeinträchtigt sie auch die digitale Souveränität der Konsumenten. Insofern gilt es, digitale Bildungsinhalte frühzeitig in schulische Aus- und lebenslange Weiterbildungskonzepte umfangreich zu integrieren. Darüber hinaus ist feststellbar, dass der Technologieeinsatz zumeist der Kompetenz der Mitarbeiter folgt und nicht umgekehrt. Das heißt, dass diese Gradmesser der Entscheidung für oder gegen die Implementierung digitaler Technologien in Unternehmen sind. Insofern besteht in deutschen Unternehmen noch erheblicher Nachholbedarf, das Personal altersunabhängig digital zu befähigen, vorhandene Ängste abzubauen und die Akzeptanz von digitalen Technologien zu steigern.

Digitale Souveränität als komparativen Vorteil nutzen

Die „Digitale Agenda der Bundesregierung 2014 – 2017" zielt im Kern darauf ab, die Sicherheit und den Schutz der IT-Systeme und Dienste zu verbessern sowie die technologische Kompetenz der Bürger für vertrauenswürdige IT und somit letztlich die digitale Souveränität zu stärken und dauerhaft zu sichern (vgl. BR 2014). Sie reagiert damit auf die Bedarfslage in der deutschen Wirtschaft. So sehen acht von zehn Unternehmen IT-Sicherheit als die zentrale Herausforderung in der Digitalisierung (vgl. EY 2016). Ursächlich für diese Einschätzung sind aktuell das Internet der Dinge (51 Prozent aller Unternehmen) und kritische Infrastrukturen (45 Prozent). Im vergangenen Jahr löste vor allem die wachsende Ausprägung von Cloud Computing Investitionen in IT-Sicherheit aus. Letzteres bleibt aber ein sehr relevantes Sicherheitsthema. Daher werden Investitionen dieser Art weiter wachsen (vgl. eco 2017). Auf die Nachfrage kann die deutsche IT-Sicherheitsindustrie umfassend reagieren, wenngleich die auf dem deutschen Markt führenden Anbieter meist aus anderen Ländern stammen. Die Stärken der deutschen IT-Sicherheitswirtschaft liegen im Bereich der Dienstleistungen und der Hochsicherheit. Durch diese Entwicklung hat sich in den vergangenen Jahren ein Zukunftsmarkt für Security Services herausgebildet – getragen durch eine hohe Innovationskraft, die die Unternehmen nicht trotz, sondern gerade wegen der hohen Standards des deutschen Datenschutzes generieren.

Ausblick

Die aufkeimende Stärke der Anbieter in der digitalen Souveränität der deutschen Volkswirtschaft zeigt sich als komparativer Vorteil, besonders gegenüber Ostasien und den USA. Diesen Vorzug gilt es zu festigen, indem man einerseits Forschung im Bereich digitaler Souveränität fördert und anderseits die Herausbildung der Wirtschaftsstruktur vorantreibt. So kann Deutschland letztlich Standortvorteile gewinnen.

Dabei gilt grundsätzlich, digitale Souveränität auch in der Wirtschaft als ein holistisches, mehrdimensionales Konzept zu verstehen. Es genügt nicht, nur an einzelnen Stellen zu optimieren. So ist für eine hohe digitale Souveränität, wie oben beschrieben, Datensicherheit und Interoperabilität wichtig – aber nicht ausreichend. Erst wenn es gelingt, in einem branchenübergreifenden Netzwerk Kompetenzen zu bündeln, weiterzuentwickeln und damit Produkte und Dienstleistungen zu generieren, die auf eine hohe Digitalakzeptanz stoßen können, ist ein wichtiger, nächster Schritt vollzogen. Sinnvoll erscheint es hier, anstatt das Silicon Valley imitieren zu wollen, auf klassische Stärken der deutschen Volkswirtschaft zu setzen: verlässliche, ausgereifte Produkte mit einem hohen Maß an Funktionalität und digitaler Souveränität. Je allgegenwärtiger Digitalisierung wird, desto entscheidender könnten diese Vorteile genutzt werden, um die Annahme und Diffusion von digitalen Innovationen zu beschleunigen.

Literatur

acatech (2016). Industrie 4.0 im globalen Kontext. Strategien der Zusammenarbeit mit internationalen Partnern. Verfügbar unter: www.acatech.de/fileadmin/user_upload/ Baumstruktur_nach_Website/Acatech/root/de/Publikationen/Projektberichte/acatech_de_ STUDIE_Industrie40_global_Web.pdf, zuletzt zugegriffen am 21.07.2017.

Bauer, W.; Schlund, S.; Marrenbach, D.; Ganschar, O. (2014). Industrie 4.0 – Volkswirtschaftliches Potenzial für Deutschland. Bitkom; Fraunhofer-Institut für Arbeitswirtschaft und Organisation IAO (Hrsg.). Verfügbar unter: www.produktionsarbeit.de/content/dam/ produktionsarbeit/de/documents/Studie-Industrie-4-0-Volkswirtschaftliches-Potential-fuer-Deutschland.pdf, zuletzt zugegriffen am 21.07.2017.

Bitkom (Hrsg.) (2015). Digitale Souveränität. Positionsbestimmung und erste Handlungsempfehlungen für Deutschland und Europa. Verfügbar unter: www.bitkom.org/noindex/ Publikationen/2015/Positionspapiere/Digitale-Souveraenitaet/BITKOM-Position-Digitale-Souveraenitaet.pdf, zuletzt zugegriffen am 21.07.2017.

Bitkom (Hrsg.) (2016). Industrie 4.0 – Die neue Rolle der IT. Leitfaden. Verfügbar unter: www. bitkom.org/noindex/Publikationen/2016/Leitfaden/Industrie-40-Die-neue-Rolle-der-IT/160421-LF-Industrie-40-Die-neue-Rolle-der-IT.pdf, zuletzt zugegriffen am 21.07.2017.

bitkom reserach (2015). Digitale Wirtschaftsspionage, Sabotage und Datendiebstahl. Vortrag Prof. Dieter Kempf am 16.04.2015. Verfügbar unter: www.bitkom.org/Presse/Anhaenge-an-PIs/2015/04-April/Digitale-Angriffe-auf-jedes-zweite-Unternehmen/BITKOM-Charts-PK-Digitaler-Wirtschaftsschutz-16-04-2015-final.pdf, zuletzt zugegriffen am 21.07.2017.

Bundesdruckerei (2016). IT-Sicherheit im Rahmen der Digitalisierung. Eine empirische Untersuchung in deutschen Unternehmen – Erstellt von der Bundesdruckerei GmbH in

Zusammenarbeit mit bitkom research 2016. Verfügbar unter: www.bundesdruckerei.de/en/system/files/whitepaper/whitepaper-studie-it-sicherheit.pdf.pdf, zuletzt zugegriffen am 21.07.2017.

Bundesministerium für Wirtschaft und Energie (BMWi) (2014). Monitoring-Report Digitale Wirtschaft 2014. Innovationstreiber IKT. Langfassung. Verfügbar unter: http://ftp.zew.de/pub/zew-docs/gutachten/Monitoring_Report_2014_Langfassung.pdf, zuletzt zugegriffen am 21.07.2017.

Bundesministerium für Wirtschaft und Energie (BMWi) (2016). Leitplanken Digitaler Souveränität. Verfügbar unter: www.de.digital/DIGITAL/Redaktion/DE/Downloads/it-gipfel-2015-leitplanken-digitaler-souveraenitaet.pdf?__blob=publicationFile&v=1, zuletzt zugegriffen am 21.07.2017.

Bundesregierung (BR) (2013). Koalitionsvertrag. zwischen CDU, CSU und SPD. 18. Legislaturperiode. Verfügbar unter: www.cdu.de/sites/default/files/media/dokumente/koalitionsvertrag.pdf, zuletzt zugegriffen am 21.07.2017.

Bundesregierung (BR) (2014). Digitale Agenda 2014 - 2017. Verfügbar unter: www.digitale-agenda.de/Content/DE/_Anlagen/2014/08/2014-08-20-digitale-agenda.pdf?__blob=publicationFile&v=6, zuletzt zugegriffen am 21.07.2017.

Bundesverband der Deutschen Industrie e. V. (BDI) (2016). Grundsatzpapier Cybersicherheit. Voraussetzungen für die digitale Souveränität in Deutschland und Europa. Verfügbar unter: https://bdi.eu/media/themenfelder/digitalisierung/publikationen/Broschuere_Grundsatzpapier_Cybersicherheit_fin.pdf, zuletzt zugegriffen am 21.07.2017.

eco (2017). eco Umfrage IT-Sicherheit 2016. Ein report der eco Kompetenzgruppe Sicherheit. Verfügbar unter: www.eco.de/wp-content/blogs.dir/eco-report-it-sicherheit-2016.pdf, zuletzt zugegriffen am 21.07.2017.

Ernst & Young (EY) (2016). Industrie 4.0 – das unbekannte Wesen?. Verfügbar unter: www.ey.com/Publication/vwLUAssets/EY-industrie-4-0-das-unbekannte-wesen/$FILE/EY-industrie-4-0-das-unbekannte-wesen.pdf, zuletzt zugegriffen am 21.07.2017.

IBM (2017). IBM: AI Should Stand For 'Augmented Intelligence' – InformationWeek. Verfügbar unter: www.informationweek.com/government/leadership/ibm-ai-should-stand-for-augmented-intelligence/d/d-id/1326496?, zuletzt zugegriffen am 21.07.2017.

Initiative D21 e.V. (D21) (2017). D21-Digital-Index 2016. Jährliches Lagebild zur digitalen Gesellschaft. Verfügbar unter: http://initiatived21.de/app/uploads/2017/01/studie-d21-digital-index-2016.pdf, zuletzt zugegriffen am 21.07.2017.

Krings, G. (2015). Digitale Souveränität. In: Bitkom (Hrsg.). Digitale Souveränität. Positionsbestimmung und erste Handlungsempfehlungen für Deutschland und Europa. Berlin, S. 351–356. Verfügbar unter: www.bitkom.org/noindex/Publikationen/2015/Positionspapiere/Digitale-Souveraenitaet/BITKOM-Position-Digitale-Souveraenitaet.pdf, zuletzt zugegriffen am 21.07.2017.

Nissen, V.; Stelzer, D.; Straßburger, S.; Fischer, D. (Hrsg.) (2016). SIMMI 4.0 – Vorschlag eines Reifegradmodells zur Klassifikation der unternehmensweiten Anwendungssystemlandschaft mit Fokus Industrie 4.0, Multikonferenz Wirtschaftsinformatik (MKWI) 2016: Technische Universität Ilmenau, 9.–11. März 2016; Band II.

Rogers, E. (1995). The Diffusion of Innovations. New York: Free Press.

Sopra Steria (2016). Digitale Überforderung im Arbeitsalltag 2016. Verfügbar unter: www. digitaleschweiz.ch/wp-content/uploads/2017/02/digitale-ueberforderung-im-arbeitsalltag. pdf, zuletzt zugegriffen am 21.07.2017.

Verband der Elektrotechnik Elektronik Informationstechnik e.V. (VDE) (2016). VDE Trend-report 2016. Frankfurt am Main.

2.2 Privatheit und digitale Souveränität in der Arbeitswelt 4.0

Wenke Apt, Julia Seebode, Stefan G. Weber

Der Einsatz digitaler Assistenzsysteme und cyberphysikalischer Technologien lässt neue Formen der Arbeitsorganisation und der Arbeitsteilung entstehen. Routinetätigkeiten können in vielen Bereichen automatisiert und die Prozessqualität verbessert werden. Durch den stetig wachsenden Einfluss von Daten und digitalen Assistenzsystemen im Arbeitsalltag ergeben sich aber auch neue Risiken für die Sicherung von Privatheit, Persönlichkeitsrechten und digitaler Souveränität. Hier kommt es darauf an, zu einem fairen Ausgleich der Interessen zu kommen.

Unternehmen und Organisationen erheben und verarbeiten auf unterschiedlichsten Wegen eine Vielzahl personenbezogener Daten. Zu den klassischen Beispielen zählen Systeme zur Arbeitszeiterfassung, Überwachungskameras zur Absicherung des Betriebsgeländes oder auch die Kommunikation über E-Mails. Bereits aufgrund der Daten digitaler Workflow- und Projektmanagementsysteme können weitreichende und detaillierte Dokumentationen über die Beschäftigten und ihre tagtäglichen Verrichtungen entstehen. Ursprüngliches Ziel der Datenerfassung und -auswertung war, Betriebskennzahlen wie Kosten, Produktivität oder Lieferzeit zu optimieren. Die Erfassung von Beschäftigtendaten war dabei eher eine Begleiterscheinung der Optimierung von betrieblichen Prozessen. Zwar wurden die technischen Arbeitsmittel seit jeher „auch zur Überwachung der Beschäftigten verwendet, um das Transforma-

---

Digitale Assistenzsysteme

Zentrale Fähigkeiten gegenwärtiger digitaler Assistenzsysteme sind die Wahrnehmung der Umgebung, reaktives Verhalten, die Steuerung der Aufmerksamkeit und Einschätzung der Situation. Art und Umfang der adaptiven und individualisierten Unterstützung werden durch die sensorische Erfassung des Kontextes und des Verhaltens einzelner Mitarbeiter bestimmt. Ziel ist eine personalisierte Arbeitsunterstützung, zum Teil auch mit tutorieller Assistenz durch die Systeme. Dies reicht von der einfachen Anzeige von Arbeitsanweisungen (Montage- oder Wartungsanleitungen, Qualitäts- oder Sicherheitshinweise) über die Bereitstellung von Wissen am Arbeitsplatz (Prozesswissen, Qualifikationsmanagement), die individuelle Anpassung an ein Arbeitsumfeld (kontextsensitive Informationsbereitstellung, Arbeitsplatzanpassung hinsichtlich Tischhöhe, Sprache, Bedienoberfläche) bis hin zu komplexen Mensch-Maschine-Kollaborationen oder auch elektronisch gestütztem Lernen am Arbeitsplatz (BMWi 2015).

Textbox 2.2.1: Digitale Assistenzsysteme

Cyberphysikalische Systeme

Cyberphysikalische Systeme stehen für die Verbindung von physikalischer und informationstechnischer Welt (Geisberger und Broy 2012). Sie entstehen durch die komplexe Verbindung mechanischer oder elektronischer Teile mit einem Netzwerk (z. B. Internet) und ermöglichen eine ortsunabhängige Kontrolle und Steuerung in Echtzeit. Sensoren registrieren und verarbeiten eine Vielzahl von Daten aus der physischen Welt, ziehen Schlussfolgerungen und lösen Handlungen aus (Arntz et al. 2016). Ziel ist, dass die in den Maschinen und Werkstücken eingebetteten Systeme durch einen automatisierten Datenaustausch große Teile der Wertschöpfungskette selbsttätig steuern, um die Flexibilität und Effizienz zu erhöhen (Krause 2017).

Textbox 2.2.2: Cyberphysikalische Systeme

tionsproblem der Umwandlung menschlicher Arbeitskapazität in ökonomisch verwertbare Arbeitsresultate zu bewältigen" (Krause 2017, S. 7).

Mit der Einführung weiterer technischer Systeme im Rahmen der sich rasch vollziehenden Digitalisierung der Arbeitswelt wachsen die Möglichkeiten der Erfassung und Auswertung personenbezogener Daten mithilfe komplexer Analysemethoden jedoch rasant an. Diese werden häufig unter den Schlagworten Big Data, Smart Data oder Data Mining zusammengefasst. Häufig sind solche Analysetools Bestandteil einer Steuerungssoftware oder eines intelligenten Unterstützungssystems – und zunächst intransparent und oft wenig fassbar im Hintergrund aktiv. Für den Einzelnen wird es somit zunehmend schwieriger zu durchschauen, wem welche Informationen zur eigenen Person bekannt sind und wie diese tatsächlich verwendet werden. Da die Beschäftigten in einem Abhängigkeitsverhältnis zu ihren Arbeitgebern stehen, fällt es ihnen wegen der bestehenden Machtasymmetrie individuell schwer, ihre Grundrechte auf informationelle Selbstbestimmung durchzusetzen. Folglich wird mit der Datenerfassung häufig die Bedrohung assoziiert, als „gläserner Mitarbeiter" Ziel von betrieblichen Rationalisierungsmaßnahmen, nachteiligen Personalentscheidungen oder Diskriminierung zu werden. Die Gewährleistung von Privatheit als Grundlage für die digitale Souveränität erweist sich somit als ein zentraler Akzeptanzfaktor für die Arbeitswelt 4.0 und deren erfolgreicher Ausgestaltung.

Wissen ist Macht: Intelligente Assistenzsysteme

Intelligente Unterstützungssysteme können den Beschäftigten auf vielfältige Art und Weise die Arbeit erleichtern. Voraussetzung sind jedoch individualisierte Nutzerkonten, bei denen personenspezifische Informationen hinsichtlich Arbeitsverhalten und -leistungen zusammengeführt und ausgewertet werden (Krause 2017). Intelligente Assistenzsysteme sind bereits heute in der Lage, Fähigkeitsprofile der Nutzer zu erstellen und sich in ihrer Unterstützungsleistung an deren Bedürfnisse und konkrete Wünsche anzupassen. Dabei kommen unterschiedliche Technologien zum Einsatz,

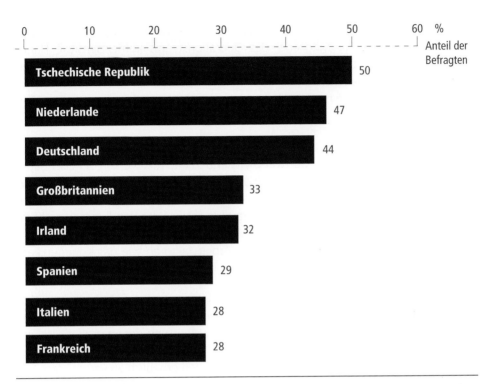

Abbildung 2.2.1: Umfrage zum Vertrauen in Arbeitgeber bei der Nutzung privater Daten in Europa 2015. Quelle: Statista 2016

vor allem um Informationen (z. B. Arbeitsschritte, Bauteile und Anweisungen) mittels mobiler Endgeräte, interaktiver Visualisierungssysteme und anderer Hilfsmittel zu liefern, aber auch um den Arbeitenden physisch zu entlasten. Die Kontexterfassung erfolgt beispielsweise über Bilder, Ortung oder die Aufzeichnung von Arbeitsverhalten, Bewegungen, Emotionen und Vitalparametern.

Die Prozessqualität und Fehlerreduktion, die sich mit intelligenter Unterstützung erreichen lassen, sind besonders relevant für komplexe Arbeitsprozesse oder sicherheitskritische Tätigkeiten, bei denen menschliches Versagen weitreichende Konsequenzen haben kann. So stehen denn auch Assistenzsysteme für bestimmte, die Sicherheit gefährdende Beschäftigungsfelder im Fokus aktueller Forschungsarbeiten. Eine relevante Personengruppe sind zum Beispiel die Teams in einem Operationssaal, deren Fehler direkt Leben bedrohen können.

Um hier Verbesserungen zu erreichen, wird angestrebt, die Operationsdauer möglichst kurz zu halten und Arbeitsabläufe sowie die Arbeitsumgebung im Operationssaal so auszulegen, dass Komplikationen für Patienten vermieden werden. Aus diesem Grund entwickeln Forscher aktuell technische Assistenzsysteme für einen „aufmerksamen Operationssaal", die abhängig vom Arbeitsablauf, dem Arbeitskontext und der Kompetenz der Mitglieder des Operationsteams kontextsensitive Handlungsempfehlungen ableiten.[6] Und auch bei der Ausbildung von Chirurgen sollen technische Systeme helfen, die das Training von Operationen überwachen und so den angehenden Chirurgen wertvolle Hinweise zur Weiterqualifizierung liefern können.[7]

Weitere Beispiele für Teams, die in sicherheitskritischen Umgebungen arbeiten, sind Fluglotsen oder Mitarbeiter in Kraftwerksleitständen und Stellwerken der Eisenbahn. Auch für diese Arbeitsfelder forschen Wissenschaftler an Assistenzsystemen, die das Kooperationsverhalten in einem Team inklusive der zugrundeliegenden Emotionen der einzelnen Beteiligten erkennen und daraufhin angepasste Handlungsempfehlungen geben können.[8] Eine steigende Anzahl von Anwendungen kann also die emotionale Verfassung und sogenannte weiche Arbeitsfaktoren wie das Kommunikationsverhalten erfassen.

Die erweiterten Möglichkeiten einer digitalen, datenbasierten Entscheidungsunterstützung schaffen allerdings auch den Raum für ein – zunächst implizites – Risiko: Die systematische Verknüpfung und automatisierte Auswertung der im großen Umfang vorliegenden Daten ermöglicht es, die Belegschaft ohne Anlass und flächendeckend zu überwachen sowie Fehler- und Leistungskontrollen erheblich zu verschärfen. Das Zusammenführen von Datenbeständen aus unterschiedlichen Quellen vereinfacht zudem wesentlich die Personalisierung vorliegender Daten. So lassen sich auch aus anonymen Daten sensible Informationen, beispielsweise zu persönlichen Gewohnheiten oder zum Gesundheitszustand, ableiten. Unabhängig von Anlass und Zweck der Datenerfassung können immer leistungsfähigere Algorithmen und eine immer umfassendere Datenverarbeitung „Antworten auf Fragen liefern, die keiner gestellt

---

[6] *Siehe hierzu: Projekt „KonsensOP – Unterstützung von Arbeitsabläufen und Kommunikation im Operationssaal durch eine technische Assistenz." BMBF-Bekanntmachung „Sozial- und emotionssensitive Systeme für eine optimierte Mensch-Technik-Interaktion" (Verfügbar unter: www.technik-zum-menschen-bringen.de/projekte/konsensop, zuletzt zugegriffen am 28.07.2017).*

[7] *Siehe hierzu: Projekt „SurMe – Chirurgische Simulationen unterschiedlicher Schwierigkeitsstufen – The Surgical Mentor System." BMBF-Bekanntmachung „Erfahrbares Lernen" (Verfügbar unter: www.technik-zum-menschen-bringen.de/projekte/surme, zuletzt zugegriffen am 28.07.2017).*

[8] *Siehe hierzu: Projekt „MACeLot – Assistenzsystem für die Teamarbeit an technischen Systemen." BMBF-Bekanntmachung „Sozial- und emotionssensitive Systeme für eine optimierte Mensch-Technik-Interaktion" (Verfügbar unter: www.technik-zum-menschen-bringen.de/projekte/macelot, zuletzt zugegriffen am 28.07.2017).*

hat". Diese Entwicklungen haben schwer absehbare Auswirkungen auf das Grundrecht auf informationelle Selbstbestimmung, das jedem Einzelnen das Recht einräumt, seine personenbezogenen Daten nur für fest definierte Zwecke nutzen zu lassen (Jerchel 2015).

Amazon nutzt in seinen Logistikzentren bereits Handscanner, die lückenlose Bewegungsprofile der Beschäftigten liefern, die in den Lagerhallen einfache Arbeit ausführen und beispielsweise zu Fuß die bestellten Produkte einsammeln und zu den Packstationen bringen. Jeder Arbeitsschritt und jede außerplanmäßige Pause wird damit

Digitale Arbeit

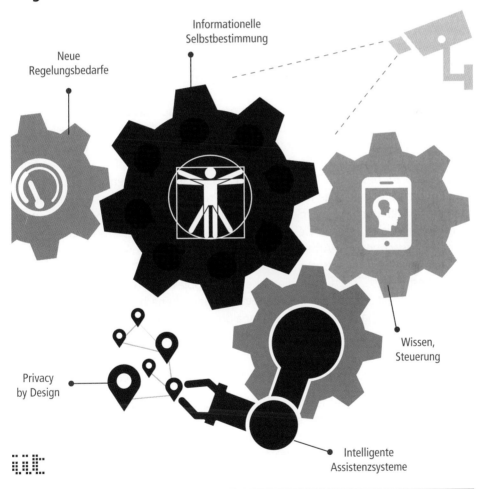

Abbildung 2.2.2: Treiber und Hebel des Beschäftigtendatenschutzes in der digitalen Arbeitswelt. Quelle: in Anlehnung am BMAS 2016, S. 13; eigene Darstellung

nachvollziehbar. Die detaillierten Aufzeichnungen ermöglichen dem Management die Erstellung individualisierter Leistungsprofile und einen systematischen Vergleich des Arbeitsverhaltens der Beschäftigten, auch wenn das Unternehmen angibt, in Übereinstimmung mit den deutschen Datenschutzregeln keine personenbezogene Auswertung der Bewegungsdaten vorzunehmen. Aber nicht nur in Logistik- oder Produktionshallen halten Systeme Einzug, die mittels Big Data und kontrollrelevanter Softwareanwendungen „individualisierte Evaluationssysteme neuer Qualität" schaffen (Staab und Nachtwey 2016, S. 28). Bereits heute findet man sie auch in den Büros, wo das Nutzerverhalten an stationären und mobilen Endgeräten umfassend dokumentiert und ausgewertet werden kann. Beispielsweise ist Monitoring-Software wie mSpy oder Orvell Monitoring in der Lage, sämtliche Aktivitäten an Desktops und Smartphones aufzuzeichnen. Am unternehmensinternen Arbeitsplatz zählen dazu Screenshots, Tastatureingaben, Dauer von Aktivitäten bzw. Inaktivität, zum Einsatz gekommene Programme und Anwendungen sowie der Internetverlauf. Bei mobilen Endgeräten lassen sich zusätzlich die GPS-Daten und Anrufstatistiken des Nutzers auswerten (Krause 2017).

Derartige Kontrolltechnologien verstärken den Druck auf die Bemessung und Standardisierung von Arbeitsschritten der Kopfarbeit, wie es in der Vergangenheit nur für Fließbandarbeit üblich war. Das kann dann bedeuten: „10 Minuten im Schnitt für eine E-Mail, 30 Minuten für ein Rechnungsformular, ein halber Tag, um einen Software-Fehler zu beseitigen." (Böhme 2017) Einerseits verlieren hochqualifizierte Beschäftigte durch derartige Kontrollprozesse Privilegien, insbesondere in den Bereichen Flexibilität und Autonomie, die Positionen auf der mittleren Arbeitsorganisationsebene bisher üblicherweise kennzeichnen. Andererseits erhöht die engmaschige Überwachung von Arbeitsprozessen die Konkurrenz unter den Beschäftigten: Fehler können schnell und systematisch aufgedeckt werden. Damit verschärfen Digitalisierungsprozesse nicht nur die scheinbar „objektive" Leistungskontrolle. Im Bereich der qualifizierten, wissensintensiven Angestelltenarbeit findet vielmehr eine professionelle Formalisierung statt, die, analog zur Einfacharbeit, zu Intensivierungs- und Abwertungsprozessen von Arbeit führt (Staab und Nachtwey 2016).

Die Digitalisierung überholt geltendes Recht: Neue Regelungsbedarfe

Nach § 87 Abs. 1 Nr. 6 Betriebsverfassungsgesetz (BetrVG) steht dem Betriebsrat ein Mitbestimmungsrecht bei der Einführung und Anwendung von technischen Einrichtungen zu, wenn diese das Verhalten oder die Leistung von Beschäftigten erfassen können. Das Mitbestimmungsrecht ist unabhängig davon, ob Arbeitgeber derartige Verhaltens- und Leistungskontrollen überhaupt durchführen wollen und ob überhaupt eine „Überwachungsabsicht" vorliegt. Vielmehr tritt dieses Recht bereits in Kraft, wenn eine technische Einrichtung personenbezogene Daten erfassen kann und entsprechende Verhaltens- und Leistungskontrollen ermöglicht. Damit können

Betriebsräte zwar grundsätzlich an der Ausgestaltung von betriebsinternen IT-Systemen mitwirken und die Beschäftigten vor technisch unterstützten Leistungs- und Verhaltenskontrollen ihrer Arbeitgeber schützen, der kollektivrechtliche Rahmen gerät aber aufgrund von Änderungen in der Arbeitsorganisation unter Druck (Wedde und Spoo 2015). Deutlich wird dies beim Einsatz digitaler Assistenzsysteme und der zunehmend betriebsübergreifenden Organisation von Wertschöpfungsprozessen in der Industrie 4.0.

Im Falle digitaler Assistenzsysteme dürfen die im Arbeitsrahmen gewonnenen Daten nach aktueller Rechtslage zwar zur Analyse von Qualifizierungsbedarfen und Ableitung von Schulungsmaßnahmen verwendet werden, nicht jedoch für allgemeine Verhaltens- und Leistungskontrollen. Weiterhin müssen die Arbeitenden ihre Überwachung in Assistenzsystemen in leicht wahrnehmbarer Weise erkennen können. Eine Ortung von Beschäftigten darf im Arbeitsbereich etwa nur in Ausnahmefällen permanent erfolgen. Jedoch konterkariert die Funktionsweise von digitalen Assistenzsystemen, die eine kontinuierliche Erfassung benötigen, diesen Regelungsansatz. Schließlich müssen Assistenzsysteme nach dem aktuellen Stand der Technik über 3D-Kameras oder Tiefensensoren kontinuierlich den Arbeitsbereich, Arbeitsablauf und die Bewegungen eines Werkers in der Produktion erfassen, um diesen mittels kontextsensitiver Hilfestellung zu entlasten.[9]

Zur gezielten Personalförderung darf ein Arbeitgeber erforderliche Fähigkeiten der Beschäftigten (z. B. Fremdsprachenkenntnisse) analysieren. Zudem darf er andere objektiv nachvollziehbare Parameter wie deren individuelle Arbeitsleistung zweckgebunden erfassen. Persönlichkeitsanalysen, die im Hintergrund stattfinden, ohne dass ein Betroffener weiß, welche Bewertungsmaßstäbe angelegt werden (People Analytics), sind jedoch arbeitsrechtlich wie datenschutzrechtlich unzulässig. Die Vorgabe ist dabei recht klar: „Menschen sollen wissen, was mit ihnen [und ihren Daten] passiert." (Mansmann 2017, S. 78f.)

Datengetriebene Entscheidungen können zudem den Gleichbehandlungsgrundsatz verletzen. Eine Ungleichbehandlung von Beschäftigten, etwa hinsichtlich der Bezahlung, ist nur akzeptabel, sofern sie sich nachvollziehbar an objektiven Leistungskriterien orientiert. Algorithmische Entscheidungen basieren jedoch auf der Erkennung abstrakter Muster und sind für die Betroffenen wenig transparent. Hier sind also

---

[9]	*Siehe hierzu: BMBF-Forschungsprogramm „Technik zum Menschen bringen" (Verfügbar unter: www.technik-zum-menschen-bringen.de, zuletzt zugegriffen am 28.08.2017) und BMWi-Technologieprogramm „Autonomik für Industrie 4.0" (Verfügbar unter: www. digitale-technologien.de/DT/Navigation/DE/Foerderprogramme/Autonomik_fuer_Industrie/ autonomik_fuer_industrie.html, zuletzt zugegriffen am 28.07.2017).*

neue Regelwerke und Maßstäbe notwendig, um zu definieren, welche Maßnahmen ethisch vertretbar und somit rechtlich zulässig sind. Allein die geltende Zustimmung von Beschäftigten und eine Zweckbindung der gewonnenen Daten reichen dafür nicht aus.

Den Analyseverfahren wird zudem die Fähigkeit zugeschrieben, menschliches Verhalten potenziell vorhersehbar zu machen – und in der nächsten Stufe die Beschäftigten sogar aktiv zu steuern, denn ein Arbeitgeber könnte „aus der Ferne und automatisierbar […] mit Informationsimpulsen direkt und im vielversprechendsten Augenblick in den Prozess der individuellen Willensbildung" (Roßnagel et al. 2016) eingreifen. Die technischen Möglichkeiten bewegen sich dabei zwischen einer Unterstützung bei der Entscheidungsfindung und Maschinen, die bereits algorithmisch und auf Basis fortgeschrittener Verfahren künstlicher Intelligenz selbst die Entscheidungen treffen und den Menschen entsprechend lenken. In diesem Raum realer und sich andeutender Möglichkeiten besteht die Gefahr, dass der Verlust der Kontrolle über die eigenständige Entscheidungsfindung unbemerkt geschieht.

Mit der Zunahme digital assistierter Arbeitsplätze finden sich die Beschäftigten also in einer Arbeitsumgebung wieder, in der die Erfassung und Verarbeitung ihrer personenbezogenen Daten eine neue Dimension erreicht – entweder als Nebeneffekt, wenn diese Techniken Arbeitsprozesse erleichtern, oder gezielt zum Zweck der Effizienzsteigerung. Ungeachtet der Potenziale für eine vollständige Automatisierung in bestimmten Arbeitsbereichen, in denen auch die Anforderungen an den Arbeitnehmerdatenschutz zurückgehen, werden die Herausforderungen der informationellen Selbstbestimmung für die weiterhin benötigten Beschäftigten komplexer, da diese in viel größerem Ausmaß als bisher, entweder wissentlich oder unwissentlich, mit intelligenten Systemen interagieren (Hornung und Hofmann 2015).

Dieser Effekt verstärkt sich noch, wenn Arbeit, Produktion und Dienstleistungen im Zuge der digitalen Vernetzung verstärkt betriebsübergreifend organisiert werden. So können intelligente Produktionssysteme, wenn sie standardisiert sind, über Unternehmensgrenzen hinweg miteinander kommunizieren und Zustands- und Prozessdaten austauschen. Mitarbeiter- und personenbezogene Daten finden somit potenziell auch Verwendung in betriebsübergreifenden Wertschöpfungsnetzwerken, die es den beteiligten Unternehmen erlauben, auf alle darin verfügbaren Informationen zurückzugreifen. Damit wird deutlich, dass die digitale Arbeitswelt das Arbeitsrecht als gesellschaftsregelnde und gestaltende Instanz vor ganz neue, grundlegende Herausforderungen stellt, die mit den Gegebenheiten in der klassischen Industriegesellschaft nichts mehr gemein haben. So werden im Zuge der Digitalisierung neue Arbeitsweisen (z. B. Crowd Working) möglich, die das bestehende Recht kaum abbildet, da es sich vor allem auf traditionelle Arbeitsverhältnisse bezieht.

Privatheit durch Technik: Chancen und Hemmnisse

„Datenschutz durch Technik" gilt oft als die wirksamste Methode zur Umsetzung der geltenden Datenschutzgrundsätze, da diese direkt in den technischen Systemen verankert werden. So muss nicht mühsam nachträglich verboten werden, was technisch gar nicht möglich ist (Hornung und Hofmann 2015, S. 175).

Dieser oft auch als Privacy by Design bezeichnete Grundsatz erfordert die Berücksichtigung von Privatheit, und zwar über alle Phasen der Erarbeitung und Herstellung intelligenter Systeme, beginnend bei Konzeption und Entwurf über die Implementierung, die Konfiguration bis hin zur Weiterentwicklung von Systemen (Hansen und Thiel 2012). Der Anspruch, Risiken für Privatheit und Persönlichkeitsrechte zu vermeiden bzw. zu minimieren, ist in der Praxis allerdings nicht einfach umzusetzen, da Technikentwicklung von Geschäftsmodellen abhängt und von der umfassenden Erhebung, Auswertung und Verknüpfung von Daten getrieben wird, nicht aber von deren zwangsläufiger Beschränkung und Kanalisierung durch Privacy-Erwägungen. So verwundert es nicht, dass bereits verfügbare technologische Möglichkeiten zum Schutz von Privatheit nicht umfassend genutzt werden.[10] Dies dürfte insbesondere für kleine Unternehmen gelten, die sich im Rahmen des digitalen Wandels mit für sie häufig noch völlig unbekannten Auswirkungen auf die Privatheit ihrer Mitarbeiter konfrontiert sehen.

Big-Data-Verfahren eröffnen also weitreichende Möglichkeiten, persönliche Merkmale zu bestimmen, Mitarbeiterprofile zu erzeugen und sogar menschliches Verhalten zu prognostizieren und zu beeinflussen. Traditionelle Datenschutzprinzipien wie die Zweckbindung, Datensparsamkeit beziehungsweise -minimierung, Verhältnismäßigkeit und die begrenzte Verarbeitung arbeits- und personenbezogener Informationen geraten daher unter Druck und erscheinen nicht mehr als zeitgemäß. Deshalb ist es notwendig, die Grundprinzipien des Datenschutzes neu zu gestalten. Die Chancen und Risiken datengetriebener Innovationen sollten in diesem Prozess allerdings nicht getrennt und unabhängig voneinander erörtert werden (Morlok et al. 2016).

„Datenschutz durch Technik" muss dabei über vereinzelte, fragmentierte Forschungs- und Gestaltungsansätze hinausgehen und sich zu einem systematischen, nachvollziehbaren Prozess, besser einer vollständigen Methodik erweitern (Fischer-Hübner et al. 2011). Auf diesem Weg werden zahlreiche noch ungelöste Fragen zu beantworten sein. Etwa: Wann besteht tatsächlich ein Personenbezug? Schließlich unterschei-

---

[10] *Siehe hierzu: Projekt ProPrivacy – Technische und rechtliche Untersuchung von Privatheit unterstützenden Technologien (Verfügbar unter: www.sit.fraunhofer.de/fileadmin/ dokumente/studien_und_technical_reports/Abschlussbericht-Pro-Privacy. pdf?_=1446452292, zuletzt zugegriffen am 28.07.2017).*

det das Recht zwischen personenbezogen und anonym. In der Praxis ist diese Unterscheidung allerdings nicht mehr einfach zu treffen. Wie lässt sich also überhaupt feststellen, ob eine verlässliche Anonymisierung vorliegt?

Ausblick

Der hinreichende Schutz der Privatheit, der informationellen Selbstbestimmung und das Vertrauen in die Gewährung des Datenschutzes sind zentral für die Akzeptanz von digitalen Unterstützungssystemen. Dies gilt auf der operativen, einzelbetrieblichen Ebene genauso wie auf der gesellschaftlichen Ebene einer digitalen Transformation der Arbeitswelt.

Recht, Technik und Arbeitsorganisation sowie die Mitarbeiterkompetenz in Bezug auf Privatheit und Selbstbestimmung müssen daher gemeinsam und ganzheitlich betrachtet werden, etwa um Standards für anonymisierte, pseudonymisierte Daten und zum Umgang mit Einwilligungen zur Datenverarbeitung in der Praxis zu erarbeiten.

Für Unternehmen wie für Mitarbeiter ist zudem Rechtssicherheit zu schaffen: Wo sind die Grenzen und wo die Leitplanken bezüglich des Einsatzes digitaler Technologien in der Arbeitswelt? Gerade bei den neuen, sich in der Digitalisierung herausbildenden Formen der Zusammenarbeit, wie etwa dem Crowd Working, sind diese Fragen noch unbeantwortet. Daraus ergibt sich die weiterführende Frage, welche Orientierungshilfen dem Einzelnen gegeben werden können. Um ein Bewusstsein über existierende und verbleibende Risiken herzustellen, sind die IT-Kompetenzen hinsichtlich Datenschutz und digitaler Souveränität daher auszubauen. In diesem Zusammenhang ist auch die betriebliche Mitbestimmung zu stärken, etwa durch neue intelligente IT-Unterstützung für Betriebsräte. Privatheit ist dabei auch als eine Grundbedingung zur freien, unbeeinflussten Meinungsäußerung zu sehen.

Ein im betrieblichen Umfeld geschaffenes Bewusstsein hinsichtlich informationeller Selbstbestimmung kann darüber hinaus auch eine Multiplikator-Funktion einnehmen: Ein verantwortungsvoller Umgang mit personenbezogenen Daten ist in allen Lebensbereichen wichtig, erfordert jedoch in vielen Fällen erst eine Sensibilisierung und einen Ausbau der Wissensgrundlage.

Die Intransparenz von Datenerhebung und -verarbeitung sowie der potenziellen Bildung von Mitarbeiterprofilen ist letztendlich ein Problem, das intern bei Belegschaft und Arbeitgebern das Vertrauensverhältnis schwächen und die Reputation nach außen leiden lassen kann. Durch Intransparenz wird die Chance vergeben, verantwortungsvolles Verhalten zu demonstrieren. Nur wenn die Privatheit Gewicht hat, kann gegenseitiges Vertrauen als Grundlage guter digitaler Arbeit entstehen. Dies ist ein Qualitätsmerkmal, das auch Vorteile bei der Anwerbung von neuen Mitarbeitern bringt und langfristig die Zufriedenheit aller Beschäftigten sicherstellen kann.

Literatur

Arntz, M.; Gregory, T.; Lehmer, F.; Matthes; B.; Zierahn, U. (2016). Arbeitswelt 4.0 – Stand der Digitalisierung in Deutschland. Dienstleister haben die Nase vorn. Institut für Arbeitsmarkt- und Berufsforschung (IAB) (Hrsg.). Nürnberg (22/2016).

Bundesministerium für Arbeit und Soziale (BMAS) (2016). Grünbuch Arbeiten 4.0 – Arbeit weiter denken. Verfügbar unter: www.bmas.de/SharedDocs/Downloads/DE/PDF-Publikationen-DinA4/gruenbuch-arbeiten-vier-null.pdf?__blob=publicationFile, zuletzt zugegriffen am 26.07.2017.

Bundesministerium für Wirtschaft und Energie (BMWi) (2015). Erschließen der Potenziale der Anwendung von „Industrie 4.0" im Mittelstand. Studie im Auftrag des Bundesministeriums für Wirtschaft und Energie (BMWi)., agiplan GmbH, Fraunhofer IML und ZENIT GmbH. Mülheim an der Ruhr.

Böhme, J. (2017). 10 Minuten für eine E-Mail, 30 für eine Rechnung. In: brand eins Wirtschaftsmagazin (3/2017).

Fischer-Hübner, S.; Hoofnagle, C. J.; Krontiris, I.; Rannenberg, K.; Waidner, M. (2011). Online Privacy: Towards Informational Self-Determination on the Internet (Dagstuhl Perspectives Workshop 11061). In: Dagstuhl Manifestos 1(1): 1–20 (2011).

Geisberger, E.; Broy, M. (Hrsg.) (2012). Integrierte Forschungsagenda Cyber-Physical Systems. agendaCPS. acatech – Deutsche Akademie der Technikwissenschaften e. V. (acatech). Berlin, München: acatech STUDIE.

Hansen, M.; Thiel, C. (2012). Cyber-Physical Systems und Privatsphärenschutz. In: Datenschutz und Datensicherheit – DuD Januar 2012, Volume 36, Issue 1, S. 26–30.

Hornung, G.; Hofmann, K. (2015). Datenschutz als Herausforderung der Arbeit in der Industrie 4.0. In: Hirsch-Kreinsen, H. et al. (Hrsg.). Digitalisierung industrieller Arbeit: Die Vision Industrie 4.0 und ihre sozialen Herausforderungen. Baden-Baden: Nomos Verlagsgesellschaft, S. 165–182.

Jerchel, K. (2015). Datenschutz und Persönlichkeitsrechte für Beschäftigte in der digitalisierten Welt. In: ver.di-Bereich Innovation und Gute Arbeit (Hrsg.). Gute Arbeit und Digitalisierung. Prozessanalysen und Gestaltungsperspektiven für eine humane digitale Arbeitswelt. Berlin.

Krause, R. (2017). Digitalisierung und Beschäftigtendatenschutz. Bundesministerium für Arbeit und Soziales (BMAS). Berlin (Forschungsbericht, 482).

Mansmann, U. (2017). Big Data im Arbeitsrecht: Rechte und Pflichten des Arbeitgebers bei der Datenverarbeitung. In: c't 2017, Heft 1, S. 78–79.

Morlok, T.; Matt, C., Hess, T. (2016). Führung und Privatheit in der digitalen Arbeitswelt – Auswirkungen einer erhöhten Transparenz. In: Datenschutz und Datensicherheit – DuD Mai 2016, Volume 40, Issue 5, S. 310–314.

Roßnagel, A.; Geminn, C. L.; Richter, P.; Jandt, S. (2016). Datenschutzrecht 2016 „Smart" genug für die Zukunft? Ubiquitous Computing und Big Data als Herausforderungen des Datenschutzrechts. Kassel: Kassel University Press.

Staab, P.; Nachtwey, O. (2016). Die Digitalisierung der Dienstleistungsarbeit. In: Aus Politik und Zeitgeschichte (APuZ), 66. Jahrgang (18-19), S. 24–31.

Statista (2016). Umfrage zum Vertrauen in Arbeitgeber bei der Nutzung privater Daten in Europa 2015. Verfügbar unter: http://de.statista.com/statistik/daten/studie/567392/umfrage/vertrauen-in-den-arbeitgeber-bezueglich-der-nutzung-privater-daten, zuletzt zugegriffen am 18.06.2017.

Wedde, P.; Spoo, S. (2015). Mitbestimmung in der digitalen Arbeitswelt. In: ver.di-Bereich Innovation und Gute Arbeit (Hrsg.). Gute Arbeit und Digitalisierung. Prozessanalysen und Gestaltungsperspektiven für eine humane digitale Arbeitswelt. Berlin, S. 30–39.

Kapitel 3

STAAT

Mehr Daten, weniger Vertrauen in Statistik

–

Wie Zuhause so im Cyberspace? Internationale Perspektiven auf digitale Souveränität

–

Bildung als Voraussetzung digitaler Souveränität

V. Wittpahl (Hrsg.), *Digitale Souveränität*,
DOI 10.1007/978-3-662-55788-4_3, © Der/die Autor(en) 2017

Quellenangaben: Anhang, Quellenverzeichnisse der Zahlen und Fakten

85 Prozent *der Internetnutzer glauben, dass man nicht herausfinden kann, welche staatlichen Stellen oder Unternehmen persönliche Daten ihrer Kunden speichern.* **70 Prozent** *möchten, dass die öffentliche Verwaltung ihre Dienste verstärkt auch online anbietet. Im Jahr 2009 hielten* **44 Prozent** *der Bürger den Staat verantwortlich für den Datenschutz im Internet – 2014 waren es nur noch* **15 Prozent.** **55 Prozent** *können sich vorstellen, per Internet zu wählen.* **80 Prozent** *der Befragten sind der Meinung, dass es neue Gesetze braucht, damit Fake News in den sozialen Medien schneller gelöscht werden.* **74 Prozent** *meinen, dass man ohne die Nutzung digitaler Medien von vielen Bereichen des alltäglichen Lebens ausgeschlossen ist.* **61 Prozent** *glauben, dass Fake News unsere Demokratie bedrohen. In Deutschland haben* **31 Prozent** *der Internetnutzer keinen Schulabschluss oder einen Hauptschulabschluss.*

3.1 Mehr Daten, weniger Vertrauen in Statistik

Thomas Gaens, Stefan Krabel

Welche Auswirkungen es hat, wenn Datenkompetenzen hinter den Anforderungen einer digital verwalteten Gesellschaft zurückbleiben, zeigt dieser Beitrag. Zudem wird diskutiert, welche Ansatzpunkte es gibt, um Big Data[1] sinnvoll zu nutzen, welche Voraussetzungen dazu nötig sind und wie die Gefahr von beliebiger Interpretation von Daten und Informationen abgewendet oder zumindest gemildert werden kann.

Wissen ist Macht. Im Sinne des englischen Philosophen Francis Bacon, auf den diese Redewendung zurückgeht, ist damit gemeint, dass Wissen um kausale Zusammenhänge Macht steigern kann. Denn diejenigen, die Ursache und Wirkung einander zuordnen können, ermächtigt dieses Wissen dazu, Wirkungen voraussehen und durch die Veränderung ihrer Ursachen beeinflussen zu können.

Jedem Bürger Zugang zu Wissen zu ermöglichen, um ihn dazu zu befähigen, seine Unmündigkeit abzulegen und an der Gestaltung des gesellschaftlichen Zusammenlebens teilhaben zu können – so lautet der über Bacons Schlussfolgerung hinausgehende bildungspolitische Appell, der seinen Weg in die Prinzipien der europäischen Aufklärung fand.

Zugang zu Wissen gilt als elementare Grundlage für eine demokratische Gesellschaft. Doch wie entsteht Wissen eigentlich? Ausgangspunkt sind Daten. Um daraus Erkenntnisse ableiten zu können, müssen Daten ausgewertet und interpretiert werden. Je besser Daten bereits Geschehenes abbilden, umso besser lassen sich mit ihrer Hilfe Prognosen für künftige Entwicklungen erstellen.

In modernen Wissensgesellschaften kommt der Verwendung von Daten deshalb eine zentrale Bedeutung zu. Kenntnis über verschiedene Methoden zu Auswertung von Daten ist nötig, um einschätzen zu können, wie Ergebnisse und Prognosen von Datenauswertungen zustande kommen, wie valide diese sind und wie stark respektive vorsichtig sie interpretiert werden sollten. Derartige Einschätzungen erfordern ihrerseits die Fähigkeit zur kritischen Bewertung der verwendeten Informationen: Welche Daten wurden ausgewertet? Wie wurden diese zusammengestellt und wel-

---

[1] *Big Data ist ein Komplex aus großen Datenmengen, der Kombination verschiedener Datenquellen und auf diese Eigenschaften angepassten Auswertungsmethoden.*

che wurden gegebenenfalls nicht betrachtet? Dies alles erfordert Kompetenzen bezüglich der Daten – sowohl von der Person, die diese auswertet als auch von der Person, die diese Ergebnisse dann verarbeitet. Insofern sind Transparenz und die Kommunikation der Grenzen von Analysemethoden und Prognosen von zentraler Bedeutung, um das Vertrauen in empirische Evidenz wieder zu stärken. Dadurch kann auch die Legitimation von politischen Prozessen auf der Grundlage empirischer Evidenz und den Dialog über diese Evidenz wieder an Bedeutung gewinnen.

Statistik in der Krise?

Die im allgemeinen Sprachgebrauch als westlich bezeichneten Gesellschaften haben den aufklärerischen Bildungsauftrag weitestgehend umgesetzt. Der Zugang zum gesellschaftlich geteilten Wissensfundus ist auch heute nicht für jeden gleichermaßen, wohl aber prinzipiell möglich. Verwaltet wird das bereits gewonnene Wissen von Wissenschaftlern, die auch für die Erweiterung des Wissensfundus und gegebenenfalls für Korrekturen zuständig sind. Sie erheben Daten und werten sie aus. Damit stellen sie in einer funktional differenzierten Gesellschaft das Wissen zur Verfügung, das als Grundlage für politische Entscheidungen dient. Politiker nutzen dieses Wissen, um Entscheidungen treffen zu können, die die Gesellschaft näher an ihre Vorstellungen eines optimalen Zustands bringen sollen. Die Bürger schließlich entscheiden per Wahl, welche politischen Ideen umgesetzt werden sollen. Da Bürger auch Zugang zu dem Wissen haben, das Grundlage der politischen Entscheidungen ist, sind sie im Prinzip auch dazu in der Lage, die darauf beruhenden politischen Ideen zu bewerten.

Datenkompetenzen müssen alle Beteiligten aufweisen: Für Wissenschaftler sind sie eine der Voraussetzungen ihres Berufs. Für sie sollte es selbstverständlich sein, sowohl bei der Datenerhebung und -auswertung als auch bei der kritischen Einordnung von Forschungsergebnissen auf dem neuesten Stand zu bleiben. Doch auch Politiker und Bürger müssen dazu fähig sein, Forschungsergebnisse anhand ihrer Entstehung zu bewerten, um ihren Gebrauchswert beurteilen und sie nutzen zu können. Nur wenn die Bürger Wissen über gesellschaftliche Zusammenhänge besitzen, können sie überhaupt in mündiger Form an der politischen Gestaltung partizipieren.

Der Grad der Mündigkeit der Bürger bestimmt die konkrete Ausgestaltung der Dreiecksbeziehung zwischen ihnen, der Politik und der Wissenschaft in entscheidendem Maße: Wenn die Bürger nicht mehr beurteilen können, was wahr ist und was nicht, sind sie auch nicht mehr fähig, politische Entscheidungen rational zu bewerten. Diese Gefahr wächst, wenn in Massen falsche oder irreführende Nachrichten (Fake News) als sogenannte alternative Fakten verbreitet werden.

Mangelndes Vertrauen und seine Ursachen

Falschmeldungen in öffentlichen Berichterstattungen sind zwar kein exklusives Produkt des digitalen Zeitalters. Die Häufigkeit, mit der sie heutzutage auftreten, und ihre inzwischen enorme Reichweite, die sie zu einem relevanten Faktor der öffentlichen Meinungsbildung werden lassen, sind es jedoch schon.

Seine Bedeutung verdankt dieses neue Phänomen den interessengeleiteten Fake News vor allem sozialen Netzwerken wie Facebook oder Twitter, in denen die Verbreitung von Informationen in Abhängigkeit von ihrer potenziellen Reichweite erfolgt. Was zählt, sind Klicks und die mit ihnen verbundenen Werbeeinnahmen. Der regulierende Charakter einer medialen Sorgfaltspflicht, wie sie sich im traditionellen Pressewesen über einen langen Zeitraum hinweg herausbilden konnte, existiert hier nicht. Dort, wo sich nach unzähligen Reproduktionen durch verschiedenste Formen des Teilens unter den Mitgliedern in der sozialen Medienwelt sowieso nicht mehr ohne enormen Rechercheaufwand nachvollziehen lässt, aus welcher Quelle eine Nachricht stammt oder gar wie verlässlich diese Quelle ist, sind der Verbreitung sogenannter alternativer Fakten keine Hürden gesetzt.

In einer Welt, in der für den einzelnen Bürger immer undurchschaubarer wird, welche Aussagen der Wahrheit entsprechen und welche Fantasieprodukte sind, ließe sich annehmen, dass statistisch fundierte Aussagen eine willkommene Orientierungshilfe wären. Stattdessen lässt sich jedoch nationenübergreifend ein mangelndes Vertrauen in Statistik feststellen – sei es in Hinblick auf die deutsche Inflationsrate (Forsa-Umfrage im Auftrag des Stern-Magazins, Weber 2014), auf Angaben der britischen Regierung zur Zahl der im Land lebenden Immigranten (Umfrage von YouGov, Rogers 2015) oder auf die gesamte staatliche Wirtschaftsstatistik der USA (vgl. Marketplace-Edison Research Poll, Ryssdal 2016). Dieser Befund mag in Anbetracht eines steigenden Anteils ausgebildeter Akademiker, die durch ihr Studium in statistischen Methoden geschult sind (vgl. Buschle und Hähnel 2016), zunächst paradox wirken, ist bei genauerer Betrachtung jedoch nachvollziehbar.

Erstens können die Bürger auch in etablierten Medien zunehmende Ungenauigkeiten von Meinungsumfragen beobachten, die in der öffentlichen Wahrnehmung einen prominenten Platz der Außendarstellung statistischer Analysen einnehmen. Zwei prominente Beispiele aus dem Jahr 2016: Prognosen sahen bei der Abstimmung der britischen Bürger im Referendum zum sogenannten Brexit eine höhere Wahrscheinlichkeit für einen Verbleib Großbritanniens in der EU, und Hillary Clinton galt auch sehr spät im US-Wahlkampf noch als klare Favoritin. Beide Prognosen stimmten nicht.

Zweitens nutzen Politiker statistische Ergebnisse oft auf fahrlässige Art und Weise. Dass aus dem Kontext gerissene Zahlen als Beleg für nicht statistisch fundierte Meinungen herhalten müssen, ist gerade im Wahlkampf keine Seltenheit, ebenso wenig wie die eigenmächtige Umdeutung von Analyseergebnissen. Donald Trump hat bewiesen, dass es möglich ist, sogar mit dem kontinuierlichen Gebrauch nachweislich frei erfundener Zahlen US-Präsident zu werden. Dieser „numerische Nihilismus", wie ihn die Journalistin Catherine Rampell (2016) nennt, führt dazu, dass in der Öffentlichkeit Zahlen kursieren, die widersprüchlich sind. Solche Widersprüche hinterlassen ratlose Wähler. In einer Studie von BritishFuture zum Thema Immigration gaben Befragte beispielsweise an, dass verschiedene Parteien für entgegengesetzte Positionen jeweils Fakten und Auswertungen präsentieren und die Wähler schlicht nicht einschätzen können, welche Seite die validierten und näher an der Wahrheit liegenden Auswertungen präsentiert.[2]

Statistische Berechnungen erhalten durch die genannten Fehleinschätzungen und bisweilen widersprüchlichen Forschungsergebnisse den Eindruck der Beliebigkeit. Hinzu kommt, dass auch Falschmeldungen häufig mit – erfundenen – statistischen Parametern versehen sind. Und wie soll ein Nutzer bei viral verbreiteten und von ihren Quellen entkoppelten Meldungen bewerten, ob die Daten, die ihm gerade präsentiert werden, um eine Aussage zu be- oder widerlegen, zuverlässig sind? In Anbetracht der Datenflut, die auf digitalem Weg entstehen kann, ist es verständlich, dass eine angemessene Skepsis gegenüber zahlenmäßigen Aussagen ohne Quelle zu einem allgemeinen Vertrauensverlust bis hin zu reflexartigem Misstrauen (vgl. Katwala et al. 2014) gegenüber empirischen Befunden mutiert.

Mangelndes Vertrauen und seine Folgen

Die – tatsächliche wie wahrgenommene – Krise der Statistik und der daraus entstehende Vertrauensverlust in empirische Befunde produzieren zwei sich komplementär zueinander verhaltende, folgenschwere Veränderungen im politischen Legitimationsprozess:

1. Wenn der digital unmündige Bürger nicht mehr fähig ist, politische Entscheidungen rational zu beurteilen, führt dies entweder dazu, dass er nicht mehr von seiner Wahlmöglichkeit Gebrauch macht, oder aber dazu, dass er seine Wahl auf andere Entscheidungshilfen stützt. Was noch bleibt, wenn sachliche Argumente wegfallen, sind emotionale Erwägungen. Oder anders formuliert: Verstehe ich nicht, wem ich folgen sollte, liegt es nahe, dem zu folgen, der mich zu verstehen scheint.

---

[2] *„Both sides fire a lot of facts and figures at you, which they bandy around. Facts and figures – in the end you believe what you want. They are both as convincing as each other. That's the problem. And you don't know quite – well, I can't make my mind up – which side is being honest with these figures." (Katwala et al. 2014, S. 27, herv. i. O.)*

2. Wenn der digital unmündige Bürger politische Entscheidungen nicht mehr rational beurteilt, müssen Politiker an die Emotionen der Wähler appellieren, um die Ermächtigung zu erhalten, ihre politischen Ideen umsetzen zu können.

Wissenschaftliche Erkenntnisse – unabhängig von ihrer Bedeutung für tatsächliche politische Entscheidungen – verlieren durch diese Entwicklung ihren Wert im politischen Legitimationsprozess. Die Menschen tendieren dazu, eher ihrem Bauchgefühl zu vertrauen als wissenschaftlicher Erkenntnis. So stimmen 38 Prozent der im Wissenschaftsbarometer 2016 Befragten der folgenden Aussage zu: „Die Menschen vertrauen zu sehr der Wissenschaft und nicht genug ihren Gefühlen und dem Glauben." Nur 32 Prozent stimmen nicht zu (Abbildung 3.1.1). Dies bedeutet jedoch nicht, dass Datenauswertungen in Zukunft keine Rolle mehr bei politischen Entscheidungen spielen können und werden. Es gibt aber andere – und mehr – Daten und Datensätze, die verschiedene Akteure nutzen und darstellen können.

„Letztlich geht es in der immer lebhafter werdenden Debatte [der digitalen Souveränität] um nichts weniger als die Neuverhandlung der Machtgrenzen zwischen Staaten, ihren Bürgern und einer globalisierten Wirtschaft." (Lepping und Palzkill 2016, S. 17) Die Staaten sind dabei, als Verlierer dieser Verhandlungen vom Tisch zu gehen, und die digitale Mündigkeit ihrer Bürger steht dabei auf dem Spiel.

Abbildung 3.1.1: Vertrauen in die Wissenschaft (Zustimmung zur Aussage, dass die Menschen zu sehr der Wissenschaft und nicht genug ihren Gefühlen und dem Glauben vertrauen). Quelle: WiD und TNS emnid 2016

Big Data und ihre Gefahren

Die Erfassung und Verknüpfung riesiger Datenmengen ist inzwischen nicht nur technisch möglich, sondern bildet auch einen gewaltigen Markt. Erfasst wird längst nicht mehr nur das Surfverhalten am heimischen PC oder auf dem Smartphone, sondern jede Handlung, die digital abgebildet ist. Und mit der fortschreitenden Digitalisierung aller Lebensbereiche werden immer mehr personenbezogene Daten aus ehemaligen Offline-Bereichen gesammelt: Über die WLAN-fähige Zahnbürste und den Fitness Tracker sind das Vitaldaten, über das Payback-Konto die Einkäufe, über Fahrassistenzsysteme Routen und über das Smart Home jede Einstellung im eigenen Heim. Vollständige Datenverfügbarkeit ist keine Illusion mehr, sondern nur noch eine Frage der Vernetzung der einzelnen Elemente untereinander – sie vollzieht sich unter dem Stichwort Internet of Things (IoT). Heute sind mehr personenbezogene Daten erfasst als jemals zuvor – und es werden täglich mehr, solange bis jede Handlung digital abgebildet und gespeichert wird und alles mit allem vernetzt ist. Neben Daten, die das Handeln selbst abbilden, wird auch jede Äußerung in sozialen Netzwerken, Kommentarspalten und Foren, die die Einstellungen und die Emotionen der Nutzer ausdrückt, erfasst.

Für Statistiker klingt die vollständige Datenverfügbarkeit zunächst einmal wie ein paradiesischer Zustand. Der Omitted-Variable-Bias – verzerrte Schätzungen aufgrund nicht-berücksichtigter Variablen – wäre nur noch ein Problem unvollständiger theoretischer Modellierungen, eigene Erhebungen wären hinfällig. Doch so einfach ist es nicht, denn Big Data ist kein öffentliches Gut. Die Nutzer bezahlen alle Annehmlichkeiten der Digitalisierung mit den Rechten an ihren Daten. Die Kontrolle über Big Data liegt in kommerziellen Händen. Im Verborgenen wird hier „Data Mining" betrieben, also das – in der Regel theorielose – Aufspüren von Zusammenhängen zur Modellierung von Trends und anderen Mustern. Das tatsächliche Verhalten digital vernetzter Menschen zu erfassen bedarf keines großen Mehraufwands: Bewegungsprofile, Ernährungsgewohnheiten, Konsumvorlieben, präferierte Freizeitaktivitäten, sexuelle Orientierungen und vieles mehr werden bei der Nutzung von Apps bereitwillig eins zu eins an die Server privatwirtschaftlicher Unternehmen übermittelt – sofern die Nutzer, wie üblich, die Nutzungsbedingungen ignorieren.

Doch auch politische und persönliche Einstellungen lassen sich bei ausreichender Auskunftsfreudigkeit im Internet anhand digitaler Fußspuren und Fingerabdrücke nahezu perfekt rekonstruieren, unter anderem durch die Verwendung von Sentiment-Analysen. Und der dafür notwendige kritische Punkt an bereitgestellten Informationen ist immer leichter zu erreichen. Denn Big-Data-Auswertungen haben klassischen, statistischen Analysen begrenzter Datenmengen gegenüber einen Vorteil: Je größer die Fallzahl und die Zahl der miteinander vernetzten Variablen, umso unbedeutender wird der Vorhersagefehler von Schätzungen – oder anders formuliert: Je mehr ich weiß, umso geringer ist die Wahrscheinlichkeit, dass ich aus meinem Wissen die falschen Schlussfolgerungen ziehe.

Wenn Politiker an die Emotionen der Wähler appellieren müssen, um von ihnen den Auftrag zu erhalten, ihre politischen Ideen umsetzen zu können, bietet Big Data den perfekten Ausgangspunkt. War es für das Agenda-Setting im klassischen Sinne noch notwendig, etwa über Umfragen selbst herauszufinden, welche Themen die Bürger bewegen, lassen sich inzwischen – von den Menschen größtenteils unbemerkt – unmittelbare Anknüpfungspunkte an emotionale Befindlichkeiten aus Big Data auslesen. Wenige stabile Muster über die Einstellungen einer ausreichend großen Personengruppe sind alles, was es für das Zusammenspinnen eines emotionalen Narrativs[3] bedarf.

Politischer Erfolg ist für denjenigen wahrscheinlicher, der seine Themen nach bereits im Vorhinein vorhandener Zustimmung definiert. Es spielt keine Rolle mehr, ob Aussagen, im Wahlkampf getroffen, vollends der Wahrheit entsprechen – solange sich mit ihnen genug Wähler mobilisieren lassen, die sich durch deren Inhalt in ihren Meinungen bestätigt sehen und sich wahrgenommen und ernst genommen fühlen. Dieser Effekt wird dadurch verstärkt, dass die politische Meinungsbildung im digitalen Raum vor allem innerhalb bereits gefestigter Filterblasen stattfindet, in denen selbst krude Thesen einen Anschein von Common Sense erlangen und sich den Mantel des sogenannten gesunden Menschenverstands umhängen können. Für Politiker, die ihre Arbeit bisher auf der Grundlage rationaler Argumentation verfolgt haben, steigt innerhalb ihres dem Code Macht/Ohnmacht verpflichteten gesellschaftlichen Teilsystems (vgl. Luhmann 1987) der Anreiz, es selbst auch nicht mehr allzu genau mit der Wahrheit zu nehmen, insbesondere wenn „alternative Fakten" mehr Aufmerksamkeit und Zustimmung einbringen. Wissen über emotionale Anknüpfungspunkte und Einstellungsmuster erlangt allerdings nur, wer Zugang zu den entsprechenden Daten besitzt. Diese Bedingung begünstigt die Verlagerung politischen Einflusses und politischer Gestaltungsmöglichkeiten von Berufspolitikern bis hin zu Managern, die Big Data kontrollieren (wie etwa im aktuellen US-Kabinett), sei es durch eigene Nutzung oder den Verkauf (oder die Bereitstellung) der Daten.

An wissenschaftsethische Standards bei der Datenerfassung und -auswertung fühlt sich dieser Personenkreis nicht immer zwingend gebunden. Es besteht die Gefahr einer spiralförmigen Selbstverstärkung der skizzierten Machtverschiebung, die die digital getriebene Entdemokratisierung beschleunigen wird, wenn keine Widerstände gegen diese Entwicklung auftreten sollten.

---

[3] *Als Narrativ wird hier eine emotional wirksame Geschichte verstanden, die ein Gefühl des „Verstanden-Werdens" vermittelt.*

Wissen ist Macht. Es scheint jedoch, als besäße das Wissen über die Emotionen von Menschen im digitalen Zeitalter mehr Machtpotenzial als das Wissen um gesellschaftliche Zusammenhänge. Intransparente Handhabung der Daten, die von einigen wenigen globalen Unternehmen verwaltet werden, lässt nicht nur den Schutz digital Unmündiger zunehmend unrealistisch erscheinen. Als Grundlage für den Erfolg der machtpolitischen Strategie emotionaler Narrative bedroht Big Data den gesamten Prozess rational begründeter Meinungsbildung.

Die Bedeutung von Daten in Gesellschaft und Demokratie

Die Verlagerung der Kontrolle über Bevölkerungsdaten aus dem öffentlichen Raum in die kommerzielle Handhabung ist ein Prozess, der sich in Europa historisch bis zu den ersten Hochrechnungen demografischer Daten im 17. Jahrhundert, noch vollständig unter nationalstaatlicher Kontrolle, zurückverfolgen lässt (vgl. Davies 2017). Nicht nur diese Pfadabhängigkeit lässt vermuten, dass die rechtliche Regulierung von Datenerfassung und -nutzung alleine eine wenig erfolgversprechende Strategie im Kampf um die Verteidigung demokratischer Prinzipien darstellt. Vielmehr gilt es, erneut dort zu beginnen, wo bereits Bacon und seine Mitstreiter ansetzten: an der Vernunft der Bürger. Es bedarf eines Zeitalters der digitalen Aufklärung.

Der beschriebene Vertrauensverlust ist es, der korrigiert werden muss. Er ist fatal im Prozess der digital getriebenen Entdemokratisierung: Aus Big Data abgeleitete emotional wirksame Narrative verlieren auch im Angesicht valider, statistisch fundierter Befunde, die sie widerlegen, nicht an Überzeugungskraft, wenn niemand an deren Zuverlässigkeit glaubt. Wissenschaftliche Erkenntnis und die Möglichkeit, mit ihrer Hilfe zu argumentieren, können im politischen Prozess nur dann wieder an Bedeutung gewinnen, wenn die Wähler bereit und in der Lage sind, sogenannte alternative von echten Fakten zu unterscheiden. Eine notwendige, aber nicht hinreichende Bedingung dafür ist, die Verbreitung von Fake News einzudämmen. Darüber hinaus muss es aber auch gelingen, den Imageschaden statistischer Analysen in der öffentlichen Wahrnehmung zu reparieren und die Meinungsforschung aus ihrer Krise zu befreien. Es stellt sich demnach die Frage: Wie können das Vertrauen in empirische Evidenz wieder gestärkt und die Macht Big-Data-basierter Narrative beschränkt werden?

Die Grenzen klassischer statistischer Verfahren

Dazu gilt es zunächst einmal, sich der Ursachen der Fehlprognosen bewusst zu werden, die das Image statistischer Analyse in der Öffentlichkeit beschädigt haben: Warum lagen die Prognosen der Meinungsforscher sowohl bei der US-Wahl als auch bei der Abstimmung über den Verbleib Großbritanniens in der Europäischen Union so deutlich neben den tatsächlichen Ergebnissen? Mehrere Gründe sind hier zu nennen: Trump beispielsweise ist es gelungen, in bedeutendem Umfang Wählergruppen zu mobilisieren, die in den Prognosemodellen nur gering gewichtet waren. Gleichzeitig haben die erfassten Wähler zu einem größeren Anteil als üblich eine falsche Wahlabsicht angegeben – hier dürfte das Phänomen der sozialen Erwünschtheit gewirkt haben: Auch Trumps Wählern wird nicht entgangen sein, dass seine Wahlkampfaussagen unverhohlen so ziemlich jede Minderheit diskriminierten, und nicht jeder von ihnen wird seine Zustimmung zu diesen Aussagen gegenüber Forschenden zugeben wollen. Darüber hinaus leidet die Zuverlässigkeit von Meinungsumfragen unter dem generellen Trend, dass viele nicht mehr bereit sind, an ihnen teilzunehmen, sowie unter dem speziellen Problem der geringeren Erreichbarkeit von potenziellen Teilnehmenden. Immer weniger Menschen nutzen einen Festnetzanschluss, der bislang als Standard galt, um telefonisch in Verbindung zu treten. Und schließlich ist es eine immer komplexer werdende Welt selbst, die sich nicht mehr so leicht erfassen lässt, wie es vielleicht einmal möglich war. Mit dem fortschreitendem Zerfall traditioneller Strukturen der Vergemeinschaftung, der stetigen Auflösung typischer Berufslaufbahnen und der zunehmenden Vervielfältigung gesellschaftlicher Zuschreibungsmuster, die die Individualisierung in modernen Gesellschaften produziert hat, geht ein Identifikationsverlust Einzelner einher. Für sie bleiben immer weniger gesellschaftliche Gruppen als Anker für eine Zugehörigkeit. Gemeinschaftsformen wie die Großfamilie schwinden, feste Berufslaufbahnen sind so stark flexibilisiert und kollektive Identität stiftende Schichtzugehörigkeiten haben sich nach so vielen Merkmalen ausdifferenziert, dass auch innerhalb der von Meinungsforschern definierten Gruppen inzwischen häufig mehr Unterschiede als Gemeinsamkeiten hinsichtlich Lebenslagen und Lebensstilen existieren. Die statistisch konstruierten Schubladen sind zu groß, um erfassen zu können, welche Vielfalt in ihnen herrscht (vgl. Davies 2017)[4].

Was die Meinungsumfragen hat ins Leere laufen lassen, ist also nichts anderes als das grundsätzliche und altbekannte Problem des statistischen Inferenzfehlers: „Zufallsstichproben bleiben im Kern eine Krücke. Ihnen fehlt die Detaildichte, um das zugrunde liegende Phänomen umfassend abzubilden" (Mayer-Schönberger 2015, S. 15). Je ungenauer die behandelte Stichprobe die Gesamtheit repräsentiert, umso unwahrscheinlicher ist es, dass die Verallgemeinerung der Analyseergebnisse den tatsächlichen Verhältnissen entspricht. Und je komplexer das zu erfassende Phänomen ist, desto schwieriger gestaltet sich eine zufriedenstellende Stichprobenauswahl.

Während Wissenschaftler sich weiterhin an ihre Krücke klammern, sind Big-Data-Analysten dabei, alleine laufen zu lernen. Für sie definiert vor allem die technische

---

[4] *„Traditional forms of statistical classification and definition are coming under strain from more fluid identities, attitudes and economic pathways. Efforts to represent demographic, social and economic changes in terms of simple, well-recognised indicators are losing legitimacy." (Davies 2017)*

Machbarkeit beim Handling immer schneller wachsender Datenmassen neue Herausforderungen bei der Auswertung unserer immer komplexer werdenden Welt. Das Problem des statistischen Inferenzschlusses wird für sie spätestens dann buchstäblich in der Datenflut untergehen, wenn die Vernetzung vollendet ist.

Big Data und ihre Möglichkeiten

Die empirische Forschung, die im öffentlichen Raum stattfindet und gesellschaftliche Entwicklungen fehlerhaft abbildet, leidet also an einer heilbaren Krankheit – an Datenmangel. Dass die Auswirkungen unvollständiger Daten auch im öffentlichen Raum abgemildert werden können, zeigt sich bereits an einigen wichtigen Beispielen; in den Gesundheitswissenschaften wird beziehungsweise wurde Big-Data-Nutzung bereits erfolgreich zur Vorhersage von Infektionen Neugeborener (vgl. McGregor 2013), bei der Prognose des Verlaufs von Grippewellen oder etwa der Ausbreitung von Malaria angewendet (vgl. Wesolowski et al. 2012).

Daten sind häufig prinzipiell verfügbar und erlauben die Kombination mehrerer Datensätze und die Integration sehr vieler verschiedener Merkmale. Wenn dabei die Analyseverfahren dieser komplexen Datenstruktur angemessen sind, ist ein Erkenntnisgewinn gegenüber klassischen Methoden der Datenerhebung und -auswertung absehbar. Das grundlegende Problem ist demnach keine Krise der Statistik im Allgemeinen, sondern ein Passungsproblem wissenschaftlicher Forschung: Denjenigen, die immer umfassenderes Datenwissen besitzen, lässt sich rein systemtheoretisch unterstellen, dass sie es nicht zum Wohle der Allgemeinheit nutzen, wenn dieses nicht zufällig ihrem Eigeninteresse entspricht. Diejenigen, die – zumindest in der Theorie – vor allem dem Wohle der Öffentlichkeit verpflichtet sind, besitzen häufig nicht genug Daten, um zuverlässig damit zu arbeiten.

Hinzu kommt eine allgemeine Skepsis gegenüber Big Data. Insbesondere Sozialwissenschaftler werden in ihrer Ausbildung stets darauf geschult, Korrelationen nicht mit kausalen Zusammenhängen gleichzusetzen. Eine in erster Linie mit Korrelationsanalysen, Trend- und Mustererkennungen konnotierte Form der Datenerfassung und -nutzung muss ihnen fast zwangsläufig zunächst einmal einen enormen Schrecken einjagen. Und tatsächlich wächst die Gefahr, auf Scheinkorrelationen hereinzufallen, mit steigendem Datenvolumen und steigender Variablenanzahl – schließlich steht alles irgendwie mit irgendetwas anderem in irgendeinem Zusammenhang. Das ist aber kein Grund, Big Data von vornherein zu verteufeln. Denn die Vorteile liegen auf der Hand:

- Big Data kann Verhalten direkt messen und nicht nur über zuvor zu operationalisierende Items Einstellungen abfragen.

- Big Data verzeiht Messfehler aufgrund der Kombination unterschiedlicher Datenquellen (vgl. Mayer-Schönberger 2015).

- Big Data erfasst Zusammenhänge, die sonst gar nicht registriert werden könnten, weil sie entweder in zu kleinen Fallzahlen versteckt sind oder sich aus bestehendem Wissen keine Hypothesen zu ihnen ableiten lassen.

- Mit Hilfe von Big Data kann nicht nur die Überprüfung von Hypothesen, sondern auch deren Generierung erfolgen (vgl. Anderson 2008).

- Im besten Fall erzwingt Big Data durch die Verknüpfung von Daten unterschiedlicher Forschungsbereiche sogar eine neue Form interdisziplinärer Theoriebildung, weil die Bedeutung vorgelagerter disziplinspezifischer Operationalisierungen abnimmt.

Nutzung von Daten in Politik, Gesellschaft und Demokratie

Unterm Strich bleiben zentrale Fragen: Wie soll die Politik, wie sollen Medien, wie soll die Gesellschaft Daten verwenden? Wie sollen statistische Ergebnisse interpretiert werden? Und was kann der Staat für einen Beitrag leisten? Zweifellos wäre es vermessen zu erwarten, dass breite Teile der Gesellschaft genügend tiefe Kenntnisse über Datengrundlagen und statistische Verfahren entwickeln, um statistische Ergebnisse stets sensibel einordnen zu können. Das bedeutet jedoch nicht, dass die Auswertung von Daten obsolet wird. Im Gegenteil: Das Vorbild der Gesundheitswissenschaften zeigt, dass mehr Daten und Kombinationen von Datenquellen einen Erkenntnisgewinn bedeuten können. Weitere Beispiele für den sinnvollen Einsatz von Big Data gibt es auch in internationalen Kontexten, etwa Analysen zu den Auswirkungen der Strenge rechtlicher Verpflichtungen in internationalen Verträgen auf die Ratifikationsgeschwindigkeit, zur Intensität mit der nationale Parlamente EU-Themen debattieren (Tokhi und Rauh 2015) oder auch in Analysen der chinesischen Internetzensur (King et al. 2013).

Um einen Mehrwert aus Daten und empirischen Auswertungen zu erreichen, müssen zudem diejenigen, die Daten auswerten, ihre Erhebungen und Erhebungsinstrumente sorgfältig auswählen und die Grenzen der Interpretation transparent und verständlich kommunizieren. Letzteres ist umso bedeutender, je stärker eine empirische Information grundlegenden Einfluss auf Entscheidungen besitzt. Beispielsweise können empirische Aussagen in der Medizin, dass etwa Maßnahmen der Krebsvorsorge oder Impfungen die Wahrscheinlichkeit einer Krankheit verringern, die Entscheidungen von Patienten über eine Behandlung beeinflussen. Ausgesprochen wichtig ist hierbei, dass Mediziner deutlich und verständlich vermitteln, dass eine Behandlung die Wahrscheinlichkeit einer Erkrankung nur verringert, diese aber nicht ausschließt. Ebenfalls transparent kommunizieren müssen sie die Frage, wie stark die Wahrscheinlichkeit zu erkranken sinken kann.

Die verständliche und klare Bewertung von empirischer Evidenz ist daher auch eine zentrale Aufgabe und Herausforderung, wenn politische oder gesellschaftliche Entscheidungen auf empirischer Evidenz basieren. Wenn den Menschen etwa bei Wahlprognosen klargemacht wird, dass diese auf Hochrechnungen mit Standardfehlern und Varianzen beruhen und dass letztgenannte statistische Maße den vorausgesagten Abstand zwischen Kandidaten übersteigen, gewinnen sie womöglich das Vertrauen in Hochrechnungen wieder zurück.

Um das Potenzial von Big Data ausschöpfen zu können, muss zudem die Methodenentwicklung und -ausbildung der Wissenschaftler mit der Digitalisierung Schritt halten. Neue Auswertungsmethoden müssen den Eigenschaften von Big Data gerecht werden: Der enorme Umfang an Daten, die nötige Geschwindigkeit bei der Auswertung und die Vielfalt der Datenstrukturen erschweren eine sinnvolle Anwendung klassischer statistischer Verfahren auf Big Data. Potenzielle Probleme sind Heterogenität bei Datenerhebungen, akkumulierte Stichprobenfehler und Scheinkorrelationen in der Auswertung sowie möglicherweise falsche Annahmen von Exogenität, die Auswertungen zugrunde gelegt werden. Demzufolge müssen weitere Big-Data-Verfahren in der Methodenlehre Aufnahme finden, um hohen wissenschaftlichen Ansprüchen in der Datenauswertung gerecht zu werden (vgl. Mahrt 2015).

Eine Hinwendung zu Big Data ist für die Wissenschaft über die Möglichkeit des Erkenntnisgewinns hinaus von zentraler Bedeutung. Sie ist außerdem eine notwendige Bedingung, um den gemeinschaftlichen Charakter wissenschaftlicher Forschung zu bewahren, denn die Alternative zu einer generellen Öffnung der Wissenschaft gegenüber Big Data ist eine Trennlinie zwischen wenigen Forschenden mit privilegiertem Zugang zu privaten Datensätzen und der digital abgehängten Masse („new kind of digital divide", Boyd und Crawford 2011, S. 13). Der Staat sollte eine solche Neuausrichtung in eigenem Interesse unterstützen.

Fazit und Ausblick

Momentan verfügen vor allem privatwirtschaftliche, gewinnorientierte Unternehmen über riesige Datensätze, aus denen sich Einstellungen von Nutzern auslesen lassen. Mit diesen Daten können emotionale Anknüpfungspunkte innerhalb von Bevölkerungsgruppen ermittelt werden. In emotional wirkende Erzählungen übersetzt, bieten diese Informationen die Möglichkeit, verunsicherte Wähler auch ohne Aussagen mit Wahrheitsgehalt zu mobilisieren, weil sie das Vertrauen in statistische Analyseergebnisse durch Fake News und fehlerhaften Meinungsprognosen zunehmend verlieren.

Die Datenkompetenzen der Menschen sind der Dreh- und Angelpunkt: Sind Bürger und Wähler nicht mehr in der Lage zu beurteilen, welche Daten valide und welche Analyseergebnisse wahr sind, sind Fakten auch nicht mehr relevant für ihre Beurteilung des politischen Legitimationsprozesses.

Dass Wähler allerdings selbst beurteilen könnten, welche der ihnen präsentierten Daten valide sind und welche Zahlen in welchem Maße reale Verhältnisse widerspiegeln, ist in funktional differenzierten Wissensgesellschaften nicht vorstellbar. Zu komplex sind die sozialen Zusammenhänge, die erfasst und ausgewertet werden, zu kompliziert die Erhebungs- und Auswertungsmethoden aussagekräftiger empirischer Studien. Es ist aber auch nicht notwendig, denn schließlich sind Wissenschaftler für diese Arbeit zuständig, auf die die übrigen Bürger ihre Datenkompetenzen im übertragenen Sinne auslagern können. Dafür ist jedoch Vertrauen nötig. Vertrauen in wissenschaftlich generierte Analyseergebnisse und Vertrauen, das momentan nicht vorhanden scheint.

Dieses Vertrauen wiederherzustellen ist außerordentlich wichtig, um den bereits entstandenen Schaden am politischen Legitimationsprozess zu reparieren und künftigen Schaden einzudämmen. Dazu muss aber offen gesagt werden, dass statistische Methoden bei bestimmten Fragestellungen an ihre Grenzen gelangt sind. Insbesondere Wissenschaftler, Meinungsforscher und Analysten sind hier in der Pflicht, zum einen die Ergebnisse von klassisch generierten Wahlprognosen als das darzustellen, was sie sind: Auf bestimmten Annahmen beruhende Verallgemeinerungen, die nur dann zutreffen, wenn diese Annahmen sich als korrekt erweisen. Diese Annahmen zusammen mit den Prognoseergebnissen transparent zu kommunizieren, wäre darüber hinaus hilfreich. Zum anderen müssen Wissenschaftler, Meinungsforscher und Analysten ihre Datenkompetenzen auch weiterentwickeln. Statistische Methoden müssen der Komplexität der Welt wieder gerecht werden und dabei gezielt die breite Streuung von Lebensverhältnissen und -stilen stärker in den Fokus nehmen, um eine zunehmende Abweichung von durchschnittlichen, leicht zu kategorisierenden Standards erfassen zu können.

Die zunehmende Verknüpfung immer mehr personenbezogener Daten lässt sich nicht aufhalten. Für welche Zwecke und auf welche Weise solche Daten unter privatwirtschaftlicher Kontrolle verwendet werden, wird sich alleine aufgrund ihrer schieren Masse künftig kaum noch wirksam kontrollieren und deshalb auch nicht sinnvoll reglementieren lassen. Statt aber einem intransparenten, häufig theorielosen Umgang mit solchen Daten das Feld zu überlassen und Big Data grundsätzlich abzulehnen, sollten insbesondere Wissenschaftler die Chance wahrnehmen, selbst Erkenntnisse aus Big Data zu gewinnen.[5]

---

[5] *Intuitiv mag sich an dieser Stelle die Problematik des Datenschutzes als potenzieller Hinderungsgrund aufdrängen. Es sollte jedoch bedacht werden, dass die Wissenschaft sowohl eher in der Lage sein wird, einen datenschutzwürdigen Umgang mit Big Data zu entwickeln (ggf. unter Weiterentwicklung der bisherigen Vorstellungen von Datenschutz, die einer digitalisierten Welt unter Umständen nicht mehr gerecht werden), als auch einen solchen Umgang gewissenhafter zu praktizieren als dies im privatwirtschaftlichen Rahmen zu erwarten ist.*

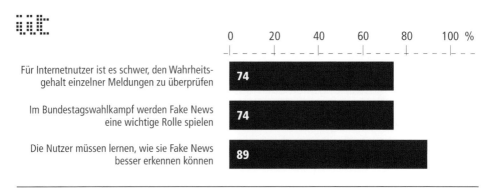

Abbildung 3.1.2: Die Bedeutung von Fake News in der Bevölkerung in Deutschland (Angabe: „stimme voll zu" und „stimme eher zu"). Quelle: bitkom research 2017

Wissenschaftler haben es also selbst in der Hand, ihre digitale Souveränität als „Fähigkeit zu selbstbestimmtem Handeln und Entscheiden im digitalen Raum" (Bitkom 2015, S. 7) durchzusetzen und damit auch die Mündigkeit der Bürger zu stärken. Die Menschen in diesem Land sind sich der grundlegenden Problematik ihrer digitalen Entmündigung durchaus bewusst und würden ihr gern etwas entgegensetzen (Abbildung 3.1.2) – es wird Zeit, sie dabei zu unterstützen. Der Wissenschaft und der Meinungsforschung kommt dabei die entscheidende Aufgabe zu, das Ansehen statistischer Analysen in der Öffentlichkeit wiederherzustellen und Transparenz im Datendschungel zu schaffen.

Literatur

Anderson, C. (2008). The end of theory: The data deluge makes the scientific method obsolete. In: Wired. Verfügbar unter: www.wired.com/2008/06/pb-theory, zuletzt zugegriffen am 21.07.2017.

Bitkom (Hrsg.) (2015). Digitale Souveränität. Positionsbestimmung und erste Handlungsempfehlungen für Deutschland und Europa. Bitkom. Berlin. Verfügbar unter: www.bitkom.org/Bitkom/Publikationen/Digitale-Souveraenitaet-Positionsbestimmung-und-erste-Handlungsempfehlungen-fuer-Deutschland-und-Europa.html, zuletzt zugegriffen am 21.07.2017.

bitkom research (Hrsg.) (2017). Zustimmung zu ausgewählten Aussagen zum Thema Fake News in Deutschland. Verfügbar unter: www.bitkom.org/Presse/Anhaenge-an-PIs/2017/02-Februar/Bitkom-Charts-PK-Fake-News-02-02-2017.pdf, zuletzt zugegriffen am 21.07.2017.

Boyd, D.; Crawford, K. (2011). Six Provocations for Big Data. Conference Paper, A Decade in Internet Time: Symposium on the Dynamics of the Internet and Society. University of

Oxford. Oxford (Hrsg.). Verfügbar unter: https://papers.ssrn.com/sol3/papers.cfm?abstract_id=1926431, zuletzt zugegriffen am 21.07.2017.

Buschle, N.; Hähnel, S. (2016). Hochschulen auf einen Blick. Ausgabe 2016. Statistisches Bundesamt (Hrsg.). Wiesbaden. Verfügbar unter: www.destatis.de/DE/Publikationen/Thematisch/BildungForschungKultur/Hochschulen/BroschuereHochschulen-Blick0110010167004.pdf?__blob=publicationFile, zuletzt zugegriffen am 21.07.2017.

Davies, W. (2017). How statistics lost their power – and why we should fear what comes next. In: The Guardian, 19.01.2017. Verfügbar unter: www.theguardian.com/politics/2017/jan/19/crisis-of-statistics-big-data-democracy, zuletzt zugegriffen am 21.07.2017.

Katwala, S.; Ballinger, S.; Rhodes, M. (2014). How to talk about immigration. In: Ballinger, S. (Hrsg.). British Future. London. Verfügbar unter: www.britishfuture.org/wp-content/uploads/2014/11/How-To-Talk-About-Immigration-FINAL.pdf, zuletzt zugegriffen am 21.07.2017.

King, G.; Pan, J.; Roberts, M. E. (2013). How Censorship in China Allows Government Criticism but Silences Collective Expression. In: American Political Science Review, 107, S. 1–18.

Lepping, J.; Palzkill, M. (2016). Die Chance der digitalen Souveränität. In: Wittpahl, V. (Hrsg.). Digitalisierung. iit-Themenband. Institut für Innovation und Technik (iit). Springer: Berlin, S. 17–25. Verfügbar unter: www.iit-berlin.de/de/publikationen/digitalisierung, zuletzt zugegriffen am 21.07.2017.

Luhmann, N. (1987). Soziologische Aufklärung 4. Beiträge zur funktionalen Differenzierung der Gesellschaft. Opladen: Westdeutscher Verlag.

Mahrt, M. (2015). Mit Big Data gegen das „Ende der Theorie"? In: Maireder, A.; Ausserhofer, J.; Schumann, C.; Taddicken, M. (Hrsg.). Digitale Methoden in der Kommunikationswissenschaft. Berlin, S. 23–37.

Mayer-Schönberger, V. (2015). Was ist Big Data? Zur Beschleunigung des menschlichen Erkenntnisprozesses. In: Aus Politik und Zeitgeschichte (APuZ), (11–12/2015). Verfügbar unter: www.bpb.de/apuz/202242/zur-beschleunigung-menschlicher-erkenntnis?p=3, zuletzt zugegriffen am 21.07.2017.

McGregor, C. (2013). Big Data in Neonatal Intensive Care. In: Computer, 46 (6), S. 54–59.

Rampell, C. (2016). When the facts don't matter, how can democracy survive? In: Washington Post, 17.10.2016. Verfügbar unter: www.washingtonpost.com/opinions/when-the-facts-dont-matter-how-can-democracy-survive/2016/10/17/560ff302-94a5-11e6-9b7c-57290af48a49_story.html?utm_term=.0d5e5b880e93, zuletzt zugegriffen am 21.07.2017.

Rogers, J. F. (2015). Are conspiracy theories for (political) losers? YouGov UK. Verfügbar unter: https://yougov.co.uk/news/2015/02/13/are-conspiracy-theories-political-losers, zuletzt zugegriffen am 21.07.2017.

Ryssdal, K. (2016). Poll finds Americans' economic anxiety reaches new high. Marketplace –
    Edison Research. Verfügbar unter: www.marketplace.org/2016/10/13/economy/ameri-
    cans-economic-anxiety-has-reached-new-high, zuletzt zugegriffen am 21.07.2017.

Tokhi, A.; Rauh, C. (2015). Die schiere Menge sagt noch nichts. Big Data in den Sozialwissen-
    schaften. In: WZB-Mitteilungen (150 der Gesamtfolge), S. 6–9.

Weber, M. (2014). Deutsche fühlen deutliche Inflation. In: stern-Magazin, 22.01.2014.
    Verfügbar unter: www.stern.de/wirtschaft/news/stern-umfrage-deutsche-fuehlen-deutli-
    che-inflation-3130940.html, zuletzt zugegriffen am 21.07.2017.

Wesolowski, A.; Eagle, N.; Tatem, A. J.; Smith, D. L.; Noor, A. M.; Snow, R. W.; Buckee, C. O.
    (2012). Quantifying the impact of human mobility on malaria. In: Science, 338, S.
    267–270.

Wissenschaft im Dialog (WiD); TNS emnid (Hrsg.) (2016). Wissenschaftsbarometer 2016.
    Verfügbar unter: www.wissenschaft-im-dialog.de/projekte/wissenschaftsbarometer/
    wissenschaftsbarometer-2016, zuletzt zugegriffen am 21.07.2017.

3.2 Wie Zuhause so im Cyberspace? Internationale Perspektiven auf digitale Souveränität

Stephanie Christmann-Budian, Johannes Geffers

Der Diskurs über die Digitalisierung – und die Zurückgewinnung einer zumindest relativen Souveränität – gewinnt zusätzlich an Komplexität, wenn man über die Grenzen hinaus auf andere globale oder regionale Akteure und deren Umgang mit digitaler Souveränität schaut. Im In- wie Ausland sind auf nationaler und regionaler Ebene unterschiedliche politische Strategien und Maßnahmen erkennbar, die geprägt sind von den jeweiligen politischen und soziokulturellen Systemen, in denen sie entstanden sind.

Der Begriff digitale Souveränität scheint sich als ein Kernbegriff im Digitalisierungsdiskurs zu etablieren, bleibt jedoch bereits auf deutschem Parkett nach wie vor reich an unterschiedlichen Interpretationen und Assoziationen. Seine Popularität vor allem im politischen Diskurs mag daher rühren, dass der Souveränitätsbegriff semantisch sehr gut den Wunsch nach einem Zustand auszudrücken vermag, den viele Menschen, Organisationen und auch Staaten angesichts einer sich scheinbar unbeherrschbar vollziehenden Digitalisierung der Gesellschaft schmerzlich vermissen. Die nur eingeschränkt sichtbaren Datenspuren, die wir auf digitalen Plattformen wie Facebook oder Twitter, eBay oder Alibaba, Google oder Baidu hinterlassen, oder die wiederholt erfolgreichen Angriffe auf die IT-Infrastruktur des Deutschen Bundestages, auf Kundendatenbanken großer Unternehmen und nicht zuletzt die Verwendung von speziellen Programmen von Sicherheitsdiensten durch Hackergruppen – all das hinterlässt leicht ein Gefühl der Ohnmacht.

In der rasanten Entwicklung zur digitalisierten Gesellschaft hat der Staat seine neue Rolle noch nicht gefunden. Er muss die Sorgen der Bürger ernst nehmen und selbst aus einer defensiven Haltung herausfinden, die nicht mehr nur auf den digitalen Fortschritt reagiert, sondern diesen aktiv mitgestaltet. In Deutschland sind die Debatten dazu wie gewohnt vielschichtig und mit Sorge erfüllt: Ist die digitale Souveränität Deutschlands bedroht? Wie sehen andere Gesellschaften die Entwicklung? Treiben die Menschen in anderen Ländern ähnliche Sorgen und Hoffnungen um, wie dies in Deutschland der Fall ist? Und wenn nicht, warum ist es um die Situation und die Sichtweisen auf die digitale Souveränität in anderen Staatssystemen und zugehörigen Gesellschaften so anders bestellt? Die Digitalisierung der Gesellschaft ist ein Prozess, der an nationalstaatlichen Grenzen mitunter gebrochen werden mag, aber er macht vor ihnen nicht halt. Ein Vergleich verschiedener internationaler Perspektiven – aus China, Singapur, Estland, Dänemark sowie von internationalen Organisationen – kann helfen, gemeinsame Themen und Strategien zu identifizieren, Differenzen nachzuzeichnen, und die Situation in Deutschland vor diesem Hintergrund zu betrachten.

Status Quo

Digitale Souveränität wird in der Regel als ein Spannungsfeld zwischen Fremdbestimmung und Autarkie über die Erhebung, Übertragung, Verarbeitung sowie Speicherung von Daten beschrieben (vgl. Bitkom 2015). Es wird vorgeschlagen, verschiedene Ebenen der digitalen Souveränität wie etwa Gesellschaft, Organisationen und Individuen zu unterscheiden (vgl. Lepping und Palzkill 2016). Dies scheint hilfreich, um die bestehenden Hierarchien zwischen den Positionen von Individuen, Organisationen und Staaten fassen zu können, die wesentlich zu dem eingangs erwähnten Gefühl der Ohnmacht beitragen.

Einen anderen Zugang zur Beschreibung und Analyse benutzt Farid Gueham (2017, S. 11), der das Bild verschiedener, miteinander in Konflikt stehender Kreise digitaler Souveränität verwendet: Der erste Kreis betrifft die persönlichen Daten, die von Individuen zur Verfügung gestellt werden. Der zweite Kreis bezieht sich auf die digitale Souveränität von Unternehmen und anderen Organisationen, deren Daten zu ihren wesentlichen Ressourcen zählen. Der dritte und letzte Kreis ist bei Gueham schließlich für die Souveränität von Staaten reserviert, die auf die Debatten über den Datenschutz Einfluss nehmen können.

Zur Illustration von Konflikten zwischen den genannten Kreisen und Ebenen seien hier nur einige Schlaglichter auf vergangene und gegenwärtige Auseinandersetzungen und Kontroversen geworfen: Schon in den 1990er Jahren, als das Internet und andere Prozesse der Digitalisierung wie beispielsweise die der Finanzmärkte noch in den Kinderschuhen steckten, war die staatliche digitale Souveränität und ihre mögliche Bedrohung ein Thema westlicher Debatten. Frühe Analysen, die hier aus der Globalisierungsforschung stammen, kommen heutigen Fragestellungen bereits sehr nahe (vgl. Perrit 1998; Sassen 1998).

Ausgangspunkt des Austauschs zwischen Perrit und Sassen war die Vorstellung, dass die Bedrohung digitaler staatlicher Souveränität vor allem ein Problem autoritärer Staatssysteme sei, die einen Kontrollverlust durch eine vermehrte Möglichkeit zur Teilhabe an der gesellschaftlichen Öffentlichkeit befürchteten, wie sie das Internet versprach. Demgegenüber seien liberale Staaten mit gewollt liberalen bürgerlichen Freiheiten und Märkten durch diese neuen Möglichkeiten nicht bedroht, vielmehr würden bürgerliche Freiheiten – und damit zugleich der demokratische, liberale Staat – gestärkt.

Doch schon vor zwanzig Jahren zeichnete sich ab, dass der Fokus auf die Potenziale des Internets wirtschaftliche Akteure einschließen müsste – insbesondere transnationale Unternehmen –, deren Einfluss entweder durch die Produktion von Hardware, Software oder die Bereitstellung von Dienstleistungen nicht nur im Internet, sondern allgemein im Digitalisierungsprozess wuchs. Und nicht zuletzt fehlten diesen frühen Diskussionen über staatliche Souveränität und Digitalisierung die Erfahrungen, die man nach dem 11. September 2001 machte, nach der Finanzkrise der 2000er Jahre oder den Enthüllungen von Edward Snowden im Jahr 2013, die in dieser Frage wohl als einschneidendstes Ereignis gelten können. Dennoch deutete sich bereits damals an, dass Globalisierung und Digitalisierung herkömmliche Strukturen und zugehörige Denkformen herausfordern, die staatliche Souveränität im herkömmlichen Sinne grundsätzlich in Frage stellen:

> *„Neue transnationale Regime und Institutionen schaffen Systeme, die die Ansprüche bestimmter Akteure (Aktiengesellschaften und große multinationale Firmen) stärken und entsprechend die Position kleinerer Akteure und Staaten schwächen." (Sassen 1998, S. 555)*[6]

Erkennbar wird, dass nicht nur die Chiffre der digitalen Souveränität einer weiteren Differenzierung bedarf, sondern insbesondere in der Diskussion über nationale bzw. staatliche Souveränität ein genauerer Blick erforderlich ist. Anders formuliert: Die digitale Souveränität eines Individuums hat andere Voraussetzungen und ist anderen Bedrohungen ausgesetzt als etwa die digitale Souveränität eines Unternehmens oder eines Staates. Insbesondere mit Blick auf die digitale Souveränität liberaler Staaten ist es erforderlich, deren Verhältnis zu seinen Bürgern zu klären, die – als Gesamtheit – in Staaten dieses Typs der Souverän sind.

Vor diesem Hintergrund schlagen wir in diesem Beitrag eine Kombination einzelner Elemente und eine Ergänzung der oben skizzierten Modelle vor: Die Darstellung unterschiedlicher Sphären digitaler Souveränität als Kreise, im Sinne des Modells von Gueham, erscheint in besonderer Weise geeignet, um Konflikte in den entsprechenden Überschneidungsfeldern zu verorten, die Ausgangspunkt für Veränderungen sein können. Grundsätzlich erscheint auch der Aspekt einer Hierarchisierung wie bei Lepping und Palzkill geeignet, um ein asymmetrisches Machtverhältnis verschiedener Akteure abbilden zu können. Gegenüber dem Modell von Gueham erscheint es jedoch sinnvoll, einen eigenen Kreis für Akteure oberhalb der nationalen Ebene vorzusehen, wozu sowohl internationale Organisationen wie die Vereinten Nationen

---

[6] *Zitat im englischen Original: „New transnational regimes and institutions are creating systems that strengthen the claims of certain actors (corporations and large multinational legal firms) and correspondingly weaken the position of smaller players and states."*

(UN), die Organisation für wirtschaftliche Zusammenarbeit und Entwicklung (OECD) oder die Europäische Union (EU) als auch große, international agierende Unternehmen wie Google, Baidu, Facebook oder Alibaba zählen, die aufgrund ihrer faktischen Macht im Feld der Digitalisierung nur begrenzt mit normalen Unternehmen vergleichbar sind.

Trotz – oder gerade wegen – der prinzipiellen Grenzenlosigkeit der Digitalisierung ist der Staat in diesem von Macht durchsetzten Feld von Einflusssphären in besonderer Weise interessant. Durch Gesetzgebung, Fördermaßnahmen und als Akteur auf der internationalen Ebene kommt ihm eine zentrale, vielfach changierende Bedeutung

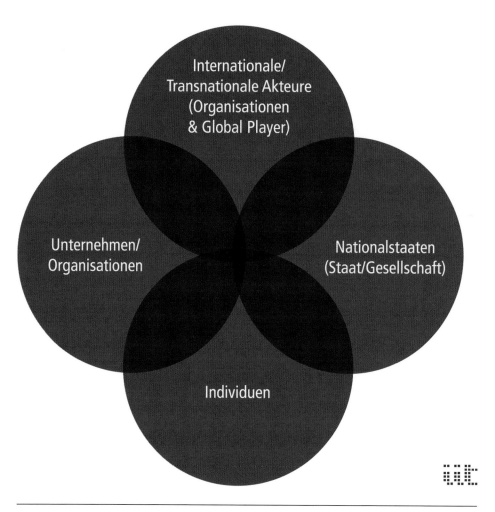

Abbildung 3.2.1: Sphären der digitalen Souveränität

zu: Seine Bürger, Unternehmen und andere Organisationen rufen ihn vielfach als Schutzmacht auf, er vertritt nationale Interessen gegenüber anderen Staaten, und seine Bürger können ihn zugleich als Bedrohung wahrnehmen. Stichworte sind hierzu die Abschaffung des Bargelds, ein verpflichtender elektronischer Pass oder etwa auch die Diskussion um den gläsernen Bürger.

Interessant sind daher in diesem Zusammenhang vor allem Aktivitäten, die sich auf die Sicherung einer staatlichen digitalen Souveränität richten, aber auch jene, aufgrund derer die digitale Souveränität der Bürger Beachtung bei staatlichen Maßnahmen findet. Viele dieser staatlichen Aktivitäten sind national ausgerichtet, aber die grundsätzlich grenzüberschreitende Digitalisierung erfordert auch internationales Engagement. Auf die rasanten technologischen Entwicklungen der letzten Jahre haben Staaten in der Mehrzahl der Fälle nur reagiert, nicht selten mit großer Verspätung. Die Frage ist, ob und wie sie wieder in eine aktivere und gestaltende Rolle finden können und dazu in der Lage sind, etwa Konflikte zwischen den verschiedenen digitalen Souveränitäten nachhaltig und zukunftsweisend zu moderieren.

Vor diesem Hintergrund führt die folgende Übersicht relevante Themen im Kontext staatlicher digitaler Souveränität auf (siehe Abbildung 3.2.2). Auch hier wird deutlich, dass die staatliche Perspektive auf digitale Souveränität keinesfalls isoliert ist, sondern enge Bezüge zu anderen gesellschaftlichen Bereichen wie etwa den Individuen, der Öffentlichkeit in ihrer Gesamtheit sowie der Wirtschaft hat.

Wie in der Übersicht deutlich wird, sind sowohl Chancen als auch Herausforderungen der Digitalisierung eng verbunden mit der Globalisierung, die wiederum ihrerseits durch die fortschreitende Digitalisierung stark vorangetrieben wurde.

Internationale Perspektiven auf digitale Souveränität

Der grenzüberschreitende Charakter des Internets und anderer digitaler Prozesse löst die Bedeutung nationalstaatlicher Grenzen zwar nicht auf, übersteigt in der Regel jedoch die Möglichkeiten einzelner Staaten, regulierend einzugreifen. Viele Konflikte um die digitale Souveränität von Staaten – die im internationalen Kontext stellvertretend für Bürger, Unternehmen und andere gesellschaftliche Akteure auftreten – sind nur auf internationaler Ebene zu verhandeln, denn dort sind auch die großen transnational agierenden Unternehmen aktiv. Internationale Organisationen wie beispielsweise die UN oder OECD bieten daher Foren, um Souveränitätskonflikte zu thematisieren und zu regulieren, die auf der Ebene der Nationalstaaten nicht oder nur eingeschränkt geregelt werden können.

Die Auseinandersetzungen der vergangenen Jahre in diesen Foren haben auch die unterschiedlichen Vorstellungen digitaler Souveränität der Länder sichtbar werden lassen, die in nationalen Traditionen begründet und mit politischen Agenden der

Chancen für staatliche digitale Souveränität

Chancen zur **Partizipation und Artikulation im Sinne der zu stützenden Meinungsfreiheit und Demokratisierung**: „Digitaler Space für alle"

Sicherheit: neue, digital gestützte Infrastrukturen für die (militärische) nationale und internationale Sicherheit (z. B. NATO)

Erweiterte Möglichkeiten der staatlichen **Einflussnahme** durch einen breiten (und kostengünstigen) medialen Zugang über digitale Medien (Internet/soziale Medien):
- vereinfachte Information der Bürger
- verbesserte Möglichkeiten für breite Bildung etc.

Pluralisierung politischer, transnationaler Akteure
- z. B. in Form finanzstarker IT-Unternehmen, Digitalisierung der Finanzmärkte (parallel zu allgemeinen Globalisierungstendenzen)
- Positiver Beitrag zur ökonomischen Entwicklung

Staatliche Regulierung der **Wirtschaft** zur Sicherung des **nationalen Wohlstands**:
- Chancen für Handel und Produktion durch Digitalisierung
- Innovationschancen, Serviceverbesserungen
- neue Märkte und Arbeitsplätze

Verbesserte **Kommunikationsmöglichkeiten**:
- Grenzenlosigkeit
- Vermehrte Transparenz und Artikulations- bzw. Partizipationsmöglichkeiten durch die Bevölkerung
- verbesserte Kooperationsmöglichkeiten (z. B. in Wissenschaft und Innovation, Bildung etc.)
- vermehrte Möglichkeiten für Bürgerinitiativen/Engagement (NGOs)
- Möglichkeiten der Selbstregulierung der transnationalen Cyber-Community (Stichwort: self-governance)

Recht:
- eine stärkere Rechtssicherheit und -sichtbarkeit auf nationalenr und internationaler Ebene (z. B. WTO)
- verbesserte Kenntnis der Gesetze und Regularien

Abbildung 3.2.2: Chancen und Herausforderungen für staatliche digitale Souveränität

Herausforderungen für staatliche digitale Souveränität

Gefahr des **Missbrauchs** und der zunehmenden Dominanz der **Kommerzialisierung**

Bedrohung staatlicher Souveränität durch digitale Technologien der staatlichen Sicherheit über das Internet:
- Eingriff in national relevante IT-Systeme, Missbrauch von Daten (Big Data) etc.

Bedrohung staatlicher Souveränität durch
- potenzielle Fragmentierung und Reorganisation in andere institutionelle/kulturelle Einheiten mit Akteuren, die mit dem staatlichen „Souverän" im Wettbewerb oder gar Konflikt stehen (z. B. human rights organisations in China/Russland)
- unkontrollierbare Meinungsbeeinflussung durch in- und ausländische politische Akteure (alternative Fakten; Social Bots)

- Beeinflussung nationaler und internationaler Politik in Bezug auf Gesetzgebungen zugunsten der digitalbasierten Wirtschaftsakteure (Lobbyismus)
- Risiken durch liberalisierte und digital gestützte Finanzgeschäfte (z. B. die internationale Finanzkrise nach 2008, Cole 2016)

- Bedrohung der nationalen Regulierbarkeit ökonomischer Aktivitäten (einhergehend mit Globalisierungstendenzen)
- Nationaler Wohlstand ist gefährdet, wenn in Fragen der Digitalisierung im globalen Wettbewerb der Anschluss verpasst wird und Marktchancen ungenutzt bleiben
- Verpasste Personalqualifizierung führt zu erhöhter Arbeitslosigkeit

- befürchteter Verlust der nationalen/kulturellen Identität
- Gefährdung bürgerlicher/moralischer oder auch ideologischer Werte im nicht-staatlichen Sinne durch offenen Internetzugang für antagonistische (politische, religiöse etc.) Akteure (z. B. rechte Äußerungen in Deutschland; Menschenrechtsbewegungen in China)
- rasante Entwicklungen dank beschleunigter Cyber-Information oft ohne Vorbereitung für nachhaltige Implementierung (Kontext: reaktiver statt agiler Staat, z. B. nach der Jasmin-Revolution keine nachhaltige Verbesserung für Akteure)
- Selbstorganisation kann aus Staatssicht auch subversive Formen annehmen

- transnationale Verbindungen in Kommunikation und Handel über das Internet bedürfen einer wirksamen internationalen Regulierung
- Probleme des grenzüberschreitenden Handels, insbesondere in Bezug auf Rechts- und Steuerfragen (bedarf (inter-)nationaler Regulierung)
- Kollision unterschiedlicher Gesetzgebungen z. B. in Fragen der Meinungsfreiheit, beim Datenschutz, bei Intellectual Property Rights

Nationalstaaten verknüpft sind. Die Initiativen der staatlichen Akteure sind hier oft geleitet von der Vorstellung, dass im Internet erlaubt sein soll, was auch sonst innerhalb des eigenen Territoriums zulässig ist. Eine solche Übertragung von Regeln aus territorial eingegrenzten Staaten in den Cyberspace[7] ist jedoch nicht oder nur eingeschränkt realisierbar, wie die hier vorgestellten Länderskizzen zeigen.

Internationale Organisationen

Der grenzüberschreitende Charakter des Internets und anderer digitaler Prozesse – wie zum Beispiel die alltägliche Nutzung von Dienstleistungen transnational agierender Unternehmen wie Facebook, Google, Baidu, Alibaba oder eBay – machen deutlich, dass Regulierungen und Vereinbarungen auf überstaatlicher Ebene zu treffen sind. Nachfolgend werden daher schlaglichtartig einige Themen skizziert, die zuletzt auf den Agenden der internationalen Organisationen beziehungsweise Staatenbünde und Staatenverbünde standen. Der Blick auf die Aktivitäten dieser internationalen Organisationen erscheint auch unter dem Gesichtspunkt relevant, dass ihre Handlungsfelder durch Initiativen von nationaler Ebene informiert werden und sie zugleich Stichwortgeber für Aktivitäten auf nationaler Ebene sein können.

Vereinte Nationen United Nations (UN)

Die internationale Staatengemeinschaft hat sich mit Blick auf das Thema der digitalen Souveränität zuletzt mit dem Recht auf Privatheit im Digitalzeitalter und dem Verbraucherschutz befasst (vgl. UN 2016a; UN 2016b). Adressiert werden damit Themen, die sich vor allem dem Schutz der digitalen Souveränität von Individuen widmen. Den von den UN hierzu gefassten Resolutionen beziehungsweise veröffentlichten Richtlinien gingen Beratungsgespräche mit anderen gesellschaftlichen Akteuren, wie beispielsweise Amnesty International, voraus. Diese Dokumente erkennen nicht nur die positiven Potenziale der technologischen Entwicklung, sondern verweisen auch darauf, dass Regierungen mit der Verbreitung von Informationstechnologien neue Möglichkeiten bekommen, Unternehmen und Einzelpersonen zu überwachen oder Daten über sie zu sammeln.

Insbesondere das Recht auf Privatheit im Digitalzeitalter hat die Organisation über mehrere Jahre hinweg intensiv beschäftigt, und sie hat die ursprüngliche Resolution mehrfach aktualisiert. War die erste Fassung aus dem Jahr 2013 zum Thema „Privacy in the Digital Age" noch primär eine Reaktion auf die Enthüllungen Edward Snowdens über staatliche Überwachungsmaßnahmen, so appelliert die Version aus dem

---

[7] *„Als Cyberspace wird jede nicht real existierende Welt bezeichnet, die nur mithilfe eines Computers virtuell betreten werden kann." (Lackes und Siepermann 2017)*

Jahr 2016 nicht nur an die Mitgliedstaaten, sondern auch an Unternehmen. Diese werden unter anderem aufgerufen, die Menschenrechte – insbesondere das Recht auf Privatheit – zu achten, Nutzer über das Erheben, die Verwendung und Aufbewahrung von Daten zu informieren und sich für die Entwicklung sicherer Kommunikation einzusetzen.

In den Richtlinien zum Verbraucherschutz (Guidelines for Consumer Protection) gehen die UN in einem kurzen Abschnitt separat auf den elektronischen Handel ein. An erster Stelle rufen sie die Mitgliedsstaaten dazu auf, das Vertrauen der Verbraucher in den elektronischen Handel zu verbessern, wofür unter anderem effektive und transparente Maßnahmen zum Verbraucherschutz für den Bereich E-Commerce zu entwickeln seien. Abschließend wird auf die Richtlinien der OECD für den Verbraucherschutz im elektronischen Handel verwiesen.

Zur Frage der digitalen Souveränität lassen sich die beiden Initiativen der UN – der Schutz der Privatheit gegenüber Ausspähung durch Staaten und der Schutz individueller Rechte in der Sphäre der Wirtschaft – als Parteinahme für die Individuen lesen, deren individuelle digitale Souveränität bedroht scheint. Dass die UN diese Frage thematisiert haben, ist jedoch zunächst wohl nur als ein Indikator dafür anzusehen, dass die internationale Bedeutung des Themas inzwischen erkannt wird.

Organisation für wirtschaftliche Zusammenarbeit und Entwicklung Organisation for Economic Co-operation and Development (OECD)

Auch die OECD hat sich in den vergangenen Jahren unter wirtschaftlichen Gesichtspunkten mit dem Thema Digitalisierung auseinandergesetzt. Die Ergebnisse skizziert der Bericht „Kernthemen der Digitalen Transformation in den G20" (engl. „Key Issues for Digital Transformation in the G20") (OECD 2017), der im Rahmen der deutschen Präsidentschaft für ein Treffen der G20 im Januar 2017 vorbereitet wurde. Die OECD konstatiert in diesem Bericht, dass mit der technologischen Entwicklung und den sinkenden Kosten für die IT-Infrastruktur soziale und ökonomische Aktivitäten zunehmend in das Internet verlagert werden. Ebenso wie die UN sieht die OECD neben positiven Entwicklungen auch Gefahren und weist unter anderem auf den nachhaltigen Einfluss auf Produktivität, Beschäftigung und Gesundheit hin, der von disruptiv wirkenden digitalen Technologien ausgehen kann, indem die bestehenden Produkte und Dienstleistungen vollständig verdrängt werden. Hervorgehoben wird auch, dass mit solchen technologischen Entwicklungen gesellschaftliche Verwerfungen einhergehen können, wie beispielsweise der Verlust von Arbeitsplätzen in spezifischen Wirtschaftssektoren oder die Vertiefung bestehender sozialer Ungleichheiten.

Neben einer Bestandsaufnahme des Standes der Digitalisierung in den G20-Staaten umreißt der Bericht eine Vielzahl an Themen. Hierzu zählen beispielsweise der

Zugang zu digitalen Diensten, digitale Infrastrukturen, die Finanzierung digitaler Infrastrukturen, die Entwicklung von Standards und die Regulation des IT-Sektors, die digitale Sicherheit, der Verbraucherschutz in der digitalen Ära sowie rechtliche Rahmenbedingungen. Viele dieser Aspekte lassen sich unter ihrer direkten oder mittelbaren Bedeutung für die digitale Souveränität betrachten. Im Fokus stehen an dieser Stelle allerdings nur zwei Bereiche: die digitale Sicherheit sowie der Verbraucherschutz.

Mit digitaler Sicherheit werden zuallererst Gefahren für Unternehmen und Individuen beschrieben (OECD 2017, S. 92ff). Während die digitale Sicherheit lange Zeit vor allem als ein technisches Problem behandelt wurde, sieht die OECD in den letzten Jahren einen Trend bei Regierungen und anderen Akteuren, diese als ein facettenreiches Handlungsfeld für die Nationalstaaten zu begreifen. Neben der technologischen Dimension zählen hierzu der soziale und ökonomische Wohlstand, das Thema Cyber-Kriminalität sowie die nationale und internationale Sicherheit. Als primäre Ziele für die nationale digitale Sicherheit werden unter anderem Maßnahmen aufgezählt, die dazu befähigen sollen, ihre digitalen Risiken managen zu können. Eine weitere Facette ist die Förderung von Beispielen guter Praxis im Bereich des Datenschutzes. Hingewiesen wird auch darauf, dass Organisationen, die mit dem Schutz der Daten von Individuen beauftragt sind, möglicherweise unterschiedliche Interessen haben. Die Risiken eines Datendiebstahls und die damit verbundenen Kosten auf der einen Seite sowie die Kosten für die Implementierung von Sicherheitsmaßnahmen zum Schutz personenbezogener Daten auf der anderen Seite abzuwägen, erscheint primär als ein ökonomisch relevanter Aspekt. Das Thema Datenschutz verhandelt der Bericht im Unterschied zu Stellungnahmen etwa der UN nicht als Realisierung des individuellen Rechts auf Selbstbestimmung über die eigenen Daten, sondern als einen (Kosten-)Faktor unter vielen, der das Verhältnis zwischen Unternehmen und Kunden beeinflusst.

Das Thema Verbraucherschutz im Kontext der Digitalisierung verknüpfen die Dokumente der OECD zentral mit dem Thema Vertrauen. Im Mittelpunkt steht hier vor allem die Rolle digitaler Plattformen – beispielsweise Netflix, Facebook, Twitter, Alibaba, eBay, Snapdeal und nicht zuletzt Google und Baidu. Sie erlauben den Zugang zur digitalen Welt, strukturieren die alltäglichen Aktivitäten der Individuen und werden deshalb auch als das Herz des digitalen Ökosystems beschrieben. Außerdem hätten sie eine intermediäre Funktion, seien Marktmacher und gewönnen durch ihr Potenzial zur Steuerung von Aufmerksamkeit und auch durch die Möglichkeit des Sammelns von Daten eine besondere Macht – zunächst über individuelle Nutzer, aber letztlich auch darüber hinaus.

Digitale Souveränität taucht in diesem Dokument der OECD als Begriff nicht auf. Und doch scheint das Thema an vielen Stellen durch. Insbesondere betont es die Gefahren durch Cyberkriminalität sowohl für Unternehmen als auch für Personen. Die Sicherung von Daten – unter anderem personenbezogener Daten – sind jedoch primär unter dem Gesichtspunkt der Abwägung von Kosten ein Thema. Solange die Aufwendungen für erforderliche Sicherheitsmaßnahmen die finanziellen und sozialen Kosten im Schadensfall nicht übersteigen, ist die digitale Sicherheit ökonomisch nicht begründbar. Das Thema Vertrauen positioniert die Agenda unter der Überschrift des Verbraucherschutzes als zentralen Punkt, aber eher funktional mit Blick auf die Teilnahme am Markt, weniger im Sinne eines keiner weiteren Begründung bedürfenden Rechts.

Europäische Union European Union (EU)

Die Europäische Union als regionaler Staatenverbund erscheint mit Blick auf das Thema der digitalen Souveränität in den vergangenen Jahren eher in der Rolle einer Getriebenen, die in vielfacher Weise vor allem gegenüber den USA im Hintertreffen ist. Symbolisch für den Konflikt zwischen den unterschiedlichen Vorstellungen von digitaler Souveränität der EU und der USA stehen hier die Auseinandersetzung um die Snowden-Enthüllungen und die Asymmetrie beim Umgang mit den großen, transnational agierenden Unternehmen auf dem Feld der Digitalisierung.

Rechtlich und politisch erscheinen die Enthüllungen von Edward Snowden für die EU als eine Zäsur, die die Bedrohung ihrer digitalen Souveränität – stellvertretend für die ihrer Mitgliedsstaaten und nicht zuletzt auch ihrer Bürger – versinnbildlicht. In diese Zeit fiel auch die Entscheidung des Gerichtshofs der Europäischen Union (EuGH) von 2015, das unter dem Namen „Safe Harbor" bekannte Abkommen für unwirksam zu erklären. Diese Vereinbarung hatte die Übermittlung personenbezogener Daten von europäischen Ländern in die USA geregelt. Mit der Entscheidung des EuGH drohte tausenden Unternehmen, die mehr als 15 Jahre lang auf dieser Grundlage gearbeitet hatten, die Arbeitsgrundlage entzogen zu werden. Nur während einer Übergangsfrist war eine Fortführung der Aktivitäten erlaubt, und es bedurfte des unter viel Zeitdruck entwickelten Nachfolgeabkommens „Privacy Shield", um Unternehmen unter veränderten Bedingungen die Fortsetzung ihrer wirtschaftlichen Initiativen zu ermöglichen. Hier war es also der europäische Gerichtshof, der zum Schutz der fundamentalen Rechte der europäischen Bürger einschritt und eine Neuverhandlung des Status quo der digitalen Souveränität einforderte.

Stellvertretend für die wirtschaftliche Distanz zwischen der EU und den USA stehen die großen internationalen Player des Internets beziehungsweise der Digitalisierung wie Google, Apple, Facebook oder Amazon, die ihren Hauptsitz allesamt in den USA haben. Die Liste der für die Digitalisierung strukturell relevanten amerikanischen Firmen, die Hardware produzieren oder digitale Dienstleistungen bereitstellen, ließe sich fortsetzen. Die Verbindung der Snowden-Enthüllungen mit den Möglichkeiten der Hardware-Hersteller, sogenannte Hintertüren in Hardware einzubauen, die

Sicherheitsdienste, aber auch von anderen kriminellen Akteuren genutzt werden können – die damit ab dem Tag des Verkaufs des Geräts verwundbar für Angriffe sind – machte die Abhängigkeit der EU von den USA überdeutlich.

Die relative Rückständigkeit mit Blick auf die wirtschaftliche Dimension der Digitalisierung (vgl. FZI 2017) war schon länger ein Thema für die Europäische Union. Hervorzuheben sind hier insbesondere die Digitale Agenda für Europa von 2010 (Europäische Kommission 2010), die Cyber-Sicherheitsstrategie der Europäischen Union von 2013 (Europäische Kommission 2013) und die Strategie für einen digitalen Binnenmarkt in Europa („Digital Single Market Strategy") von 2015 (Europäische Kommission 2015). Im Vordergrund der Ziele und an erster Stelle der Aktionsbereiche der Digitalen Agenda stand von Anfang an die Schaffung eines neuen, digitalen Binnenmarktes. Insbesondere die Fragmentierung des europäischen Marktes und der übergroße Anteil an Käufen im außereuropäischen Ausland – insbesondere in den USA – wurde und wird als Problem und Herausforderung für die Wiedererlangung einer (wirtschaftlichen) digitalen Souveränität angesehen.

Zahlen von 2015 weisen einen Anteil US-basierter Online-Dienstleistungen von 54 Prozent aus, gefolgt von 42 Prozent nationaler Dienstleistungen und einem demgegenüber verschwindend geringen Anteil von 4 Prozent für EU-grenzüberschreitende Online-Services (Europäische Kommission 2015). Neben eher auf die formalen oder technischen Infrastrukturen gerichteten Maßnahmen, die als Voraussetzung für die Teilhabe am Digitalen gelten können, sieht sich die EU vor allem mit der Aufgabe konfrontiert, das Vertrauen in das Internet bzw. in digitale Dienstleistungen wiederherzustellen, das nicht zuletzt durch die Snowden-Enthüllungen, aber auch durch Berichte über Datenmissbrauch stark eingebüßt hat. Eine zwischen 2013 und 2014 von dem Telekommunikationsunternehmen Orange in fünf europäischen Ländern durchgeführte Studie zur Zukunft des digitalen Vertrauens kam zu dem Ergebnis, dass 78 Prozent der Befragten der Ansicht waren, dass es schwer sei, Unternehmen beim Umgang mit persönlichen Daten zu trauen (vgl. Orange 2014).

Ein wegweisender Schritt in Richtung der Wiedererlangung des Vertrauens der Bürger bzw. Kunden kann die 2016 verabschiedete Datenschutz-Grundverordnung (DSGVO) der EU sein. In ihr wird unter anderem die Einbeziehung von Technologielösungen für Datenschutz im Rahmen der Entwicklungsphase von IT-Anwendungen gefördert. Im Sinne des Art. 25 Abs. 1, 2 (EU) 2016/679 geregelten „Privacy by Design" und „Privacy by Default" sind IT-Systeme so zu gestalten, dass sie von Anbeginn Datenschutzgrundsätze effektiv realisieren (vgl. FZI 2017).

Zudem funktioniert die EU-Datenschutz-Grundverordnung nun auch bei Verstößen durch Akteure, die keine Niederlassung in der EU haben, jedoch innerhalb der EU Waren oder Dienstleistungen anbieten oder das Verhalten von Personen beobachten. Hier ist also auf EU-Ebene ein gemeinsamer Lösungsansatz für digitale Herausforderungen auf den Weg gebracht worden, der auch die mächtigen auswärtigen Akteure der Digitalwirtschaft insbesondere in den USA aufhorchen lässt. Doch obwohl die DSGVO keiner weiteren Umsetzung auf nationaler Ebene bedarf, enthält sie doch in mehr als 60 Öffnungsklauseln einigen Spielraum für nationale Regelungen durch Mitgliedstaaten. Hier ist nur zu hoffen, dass die Grundidee der EU-Datenschutz-Grundverordnung durch ergänzende nationale Detailarbeit in der EU eher noch klarer konturiert wird.

Länderprofile

China

George Orwells fiktionaler Big Brother im Roman „1984" findet inzwischen im liberalen Westen wieder erhöhte Aufmerksamkeit. Die erneute Beachtung dieser klassischen Dystopie im Westen ist sicher eng verbunden mit Befürchtungen in der Bevölkerung bezüglich negativer Folgen einer digital gestützten allumfassenden staatlichen Kontrolle des Bürgers. Im nach wie vor offiziell sozialistischen China sind der omnipräsente Staat und die allwissende Partei seit fast 70 Jahren gewohnte Realität. Der chinesische Einparteienstaat hat die Mechanismen zur Kontrolle seiner Bürger und zum Schutz seiner Souveränität im Zuge der technologischen Entwicklung modernisiert und mit den der Digitalisierung innewohnenden gegenläufigen Tendenzen einer allumfassenden Kontrolle recht gut Schritt gehalten. Ein Großteil der chinesischen Bevölkerung akzeptiert dies jedoch oder hat sich zumindest daran gewöhnt. Regierung und Staatssystem legitimieren sich auch heute nicht zunächst aus den gebotenen Freiheiten, sondern aus dem Schutz seiner Einheit, seiner Grenzen und – im postmaoistischen Zeitalter – aus dem kontinuierlich steigenden Wohlstand. Wenn es um den Schutz persönlicher Daten geht, scheint man in China generell weniger sensibel eingestellt zu sein als in Deutschland (vgl. Huawei 2016).

China verfügt bis heute über ein erstaunlich gut funktionierendes Propagandasystem, das über die diversen staatlichen Medien das aktuell gültige Gedankengut an die Bevölkerung vermittelt und einen allzu umfassenden Widerstand mit einem effektiven Zensursystem bisher grundsätzlich in Zaum halten konnte. Das chinesische System einer eingeschränkten Meinungsfreiheit hat jedoch die Herausforderungen der Digitalisierung erkannt und versucht diese durch eine Expansion seines Kontrollapparates und mit Hilfe der Digitalisierungstechnologien abzuwehren. Im Jahr 2014 wurde Chinas sogenannte „Great Firewall" um die „Cyberspace Administration of China" (CAC) (guojia lianwang xinxi bangongshi) erweitert. Diese Institution der chinesischen Zentralregierung kümmert sich auch um Fragen der ideologischen Propaganda sowie die Zensur und Ermittlung unangepasster Internet-User. In dem in urbanen Zentren mittlerweile technologisch fortgeschrittenen Land ist es ein Katz- und

Mausspiel zwischen nach Nischen spähenden Nutzern des Internets und dem kontrollierenden Staat.

Chinas Beispiel macht also zunächst deutlich, dass der Schutz staatlicher digitaler Souveränität in manchen Staatsystemen auch nach innen gerichtet sein kann. Doch natürlich sind ausländische Einflüsse auf diese Weise ebenfalls reduzierbar oder zumindest besser kontrollierbar. Auch ausländische Internetseiten, auf denen Medien negative Berichterstattung über China liefern, wie etwa die New York Times zu Chinas Verwicklung in den Panama-Paper-Skandal (vgl. Forsythe und Ramzy 2016), werden zum Ziel von Attacken und je nach Anlass für kürzere oder längere Zeit gesperrt. Das harte Vorgehen wird in China vereinfacht durch die staatlicherseits leicht zugänglichen Suchmaschinen und sozialen Medien inländischer Bauart (Baidu, WeChat, Weibo etc.), nachdem man sich in der Volksrepublik schon vor Jahren der US-amerikanischen Originale (Google, Facebook, Twitter etc.) entledigt hat (z. B. Gracie 2014).

Dies leitet über zu der anderen, ebenfalls bemerkenswerten Seite der Situation in China: Die staatlich über Subventionen und Regularien intensiv geförderte IT-Branche des Landes ist nicht nur Mittel zur politisch-ideologischen Wahrung nationaler Integrität (vgl. Cai und Kwong 2016). China hat Informationstechnologien bereits um die Jahrtausendwende innerhalb der allgemeinen Wirtschaftsstrategien hoch auf die nationale Entwicklungsagenda gesetzt (vgl. Christmann-Budian 2012), denn diese Entwicklung passt zu vielen anderen nationalen Zielen: Sie unterstützt zunächst seine Überholstrategie („leap frog strategy") im Wettbewerb mit den etablierten Industrienationen. Die Digitalisierung ist auch bei der Umstellung auf eine nachhaltige, eigene Innovationen (zizhu chuangxin) fördernde Wirtschaftspolitik und Chinas Aufstieg von der verlängerten Werkbank der Industrieländer eine große Hilfe (Medium Long Term Plan 2005, 12th Five Year Plan for the Strategic Emerging Industries; vgl. Tagscherer und Christmann-Budian 2013). Die Digitalisierungstechnologien können in diesem Zusammenhang zu einer eigenständigen profitablen Ausnutzung des riesigen Binnenmarktes beitragen. Den inländischen Markt kennt man in China im Übrigen auch in Sachen IT besser als die ausländische Konkurrenz – deren Zutritt man mit staatlichen Hebeln zudem erschweren kann. Omnipräsentes Beispiel und mittlerweile einer der größten weltweiten Player ist das Unternehmen Alibaba. Alibaba betreibt de facto, entgegen weit verbreiteter Vorstellungen, nicht nur E-Commerce, sondern ist vielmehr ein komplexes Konglomerat, das von der ursprünglichen Handelsplattform in diversen Variationen über Online-Finanztransaktionen (Alipay) bis hin zu Logistik (cainiao.com) eine große Bandbreite von Produkten und Dienstleistungen abdeckt (vgl. Fritz 2017).

Um die skizzierte Doppelstrategie von Zensur und Protektion der lokalen Internetindustrie gegenüber der internationalen Kritik zu legitimieren, ruft Chinas Regierung unter Präsident Xi Jinping in der jüngeren Zeit, z. B. 2016 im Rahmen der großzügig durch China gehosteten World Internet Conference, vermehrt zum Respekt nationaler digitaler Souveränität auf (vgl. Cai und Kwong 2016).

China ist mit dieser Linie staatlicher Kontrolle im Cyber-Space nicht allein: Andere, ähnlich ausgerichtete Staatssysteme wie Russland oder Saudi Arabien teilen derartige Vorstellungen der Souveränität über die eigene (nationale) Netzhoheit (vgl. Margolin 2016). Einmischung von außen lehnen sie konzertiert ab und postulieren Zensur als innere Angelegenheit, selbst wenn dies die ausländische Berichterstattung betrifft.

> *„[...] der Begriff ‚Internet-Souveränität' oder wangluo zhuquan (网络 主权) verkörpert die Behauptung der Kommunistischen Partei Chinas, dass der traditionelle Begriff der nationalen Souveränität auf den Cyberspace anwendbar sei, für den die Befürworter der ‚Netzneutralität' behaupten, dieser müsste ohne Grenzen und frei von staatlichen Eingriffen bleiben. Nach dem Prinzip der ‚Internet-Souveränität' behält sich China vor, den Informationsfluss im Internet innerhalb seiner Grenzen und über seine Grenzen hinaus zu kontrollieren, selbst mit Mitteln, die die Informationsrechte von Einzelpersonen außerhalb der physischen Grenzen Chinas verletzen könnten. Die Weiterentwicklung der ‚Internet-Souveränität' wird häufig mit dem verbunden, was man die Fragmentierung oder die Balkanisierung des Cyberspace nennt."* (CMP 2015)[8]

Ausländische Akteure haben sich in China an die dortigen Regeln zur Tabuisierung oder umgekehrt einer erzwungenen Offenlegung von Informationen zu halten. Gegen Kritik an dieser Haltung wappnet sich China, indem es mit anderen autoritären Regimen Allianzen schmiedet. Ausländische Unternehmen betrachten die Verschärfung entsprechender Kontrollen mit Sorge, denn sie könnten zur Offenlegung ihrer Geschäftsdaten und zu einem weiteren unfreiwilligen Know-how-Transfer gezwungen werden (vgl. Alsabah 2017). Als Grundlage baut China hierzu die nationale Gesetzgebung beispielsweise mit dem „Cyber Security Law" (zhonghua renmin gongheguo wangluo anquan fa NPC 2015) von 2015 aus (vgl. Fulbright 2015).

---

[8] *Zitat im englischen Original: „[...] the term ‚Internet sovereignty', or wangluo zhuquan (网络主权), encapsulates the Chinese Communist Party's assertion that the traditional notion of national sovereignty is applicable to cyberspace, which proponents of ‚net neutrality' would argue must be kept borderless and free of government interference. Under the principle of ‚Internet sovereignty', China reserves the right to control the flow of information on the Internet within its borders and across its borders, even if in ways that might infringe upon the information rights of individuals outside of China's physical borders. The advancement of ‚Internet sovereignty' is often associated with what some have called the fragmentation, or balkanisation, of cyberspace."*

Nachdem der Staat digitale Spuren und Profile im Netz bereits in der jüngeren Vergangenheit immer umfassender nachvollziehen konnte – zum Beispiel über einen ID-Card-Registrierungszwang in den sozialen Medien –, will er das Konzept des gläsernen Bürgers wie auch des gläsernen Unternehmens nunmehr „vervollkommnen". Alibaba beispielsweise häuft mit seinem „Sesame Credit" wertvolle Big-Data-Vorräte zum privaten Finanz- und Konsumverhalten, aber auch über andere soziale Verhaltensweisen im weitesten Sinne an, mit denen künftig auch, aber nicht nur über Kreditanträge von Bürgern entschieden werden kann (vgl. Hatton 2015). Es gibt Pilotprojekte wie das der Stadt Rongcheng in der Shandong-Provinz, wo für ein Bürger-Rating jegliche Aktivitäten seiner Einwohner erfasst werden. Hier fließen auch etwa kritische Äußerungen in den sozialen Medien mit ein. Diese Ratings sind schließlich die Grundlage für ein Auf- oder Abstufen des Bürger-Status und damit verbundener Privilegien oder Sanktionen. Strafen bestehen beispielsweise darin, keine Flugtickets zu bekommen oder nicht ausreisen zu dürfen (vgl. Strittmatter 2017).

Auch für in- und ausländische Unternehmen vergrößert sich der Grund zur Sorge: alles wird registriert und gespeichert. Bei negativen Informationen können Unternehmen von staatlichen Ausschreibungen ausgeschlossen bleiben, oder dringend notwendige Kredite sowie Zulassungen werden abgelehnt. Was jeweils positiv oder negativ ist, entscheiden die Autoritäten in den zuständigen Institutionen – nachvollziehbar muss das nicht sein.

China will bei dieser pragmatischen Nutzung von Big Data zur gesamtgesellschaftlichen Kontrolle weltweit Nummer eins sein. Sowohl als technisches Vorbild wie auch als Vorbild für Geschäftsmodelle. „Die Ersten. Das wäre eine Warnung für alle Demokratien, in denen Konzerne und Behörden ihre eigenen Big-Data-Träume träumen. Und könnte anderen gerade deshalb verlockend erscheinen (…)." (Strittmatter 2017, S. 13)[9]

Dass trotz all dieser Entwicklungen die internationalen Vorwürfe der Cyber-Spionage gegenüber China anhalten, ist nur auf den ersten Blick ein Widerspruch: Denn Chinas Position ist keineswegs im Sinne von „gleiches Recht für alle" zu verstehen, sondern eher als sehr nationalistisch-protektionistische Haltung ausschließlich im Interesse des eigenen Landes.

In Chinas Adaption des deutschen Industrie-4.0-Konzeptes in der Staatsstrategie „Made in China 2025" (2015) offenbaren sich auch die Herausforderungen für seine digitale Souveränität (wangluo zhuquan). Denn trotz aller technologischen Fortschritte basiert Chinas durchaus effektives Innovationssystem weiterhin stark auf Adaption, Anpassung und absorbierender Weiterentwicklung von (Informations-

---

[9] *Im Original steht fehlerhaft „erschienen".*

und Kommunikations-)Technologien ausländischer Innovationen, eigener erfolgreicher frugaler Innovation beziehungsweise auf einem Technologie-Transfer von und Innovationskooperation mit ausländischen Partnern (vgl. Bound et al. 2013; Wübbeke et al. 2016). Es fehlt bis heute der große Wurf im Sinne eines Innovators wie etwa Apple sowie die Unabhängigkeit von ausländischen Partnern und Konkurrenten. Dies führt jedoch zu der allgemeinen Frage, ob diese angestrebte, weitestgehende Unabhängigkeit von Partnern auch im Rahmen von Digitalisierungsstrategien und zugehörigem Souveränitätsstreben unrealistisch ist, wenn man zugleich auf einem wissenschaftlich-technologisch höchstem Niveau bleiben möchte.

Singapur

Singapur, ein weiterer hochdigitalisierter nationaler Akteur in Asien, geht offenbar andere Wege als die Volksrepublik China. Dabei ist der kleine Stadtstaat trotz der ungleich anderen Größenordnung in vielerlei Hinsicht durchaus vergleichbar mit dem Reich der Mitte. Das betrifft zum Beispiel die bis heute aktive staatliche Zensur. Auch das Internet wird kontrolliert, die hierfür zuständige Behörde in Singapur heißt „Infocommunications Media Development Authority" (IMDA)[10]. Der Vergleich mit China bietet sich auch deshalb an, weil Singapur für das wirtschaftlich und technologisch ambitionierte Reform-China in den zurückliegenden Jahrzehnten ein bedeutendes Vorbild war (vgl. Christmann-Budian 2012). Die konfuzianistisch geprägte Kultur Singapurs sowie seine autoritative Regierungsweise haben in Kombination mit seinem ökonomischen Aufstieg unter Präsident Lee Kuan Yew (1959 bis 1990) in vielerlei Hinsicht die Blaupause für das nach einem Entwicklungsvorbild suchende postmaoistische China abgegeben.

Trotz der weiterhin hohen staatlichen Kontrolle hat jedoch zumindest die Wirtschaft Singapurs den Ruf, weltweit eine der am wenigsten regulierten zu sein. Diese ökonomische Offenheit geht einher mit der umfassenden Integration digitaler Technologien in Wirtschaft und Gesellschaft, die durch den „Network-readiness-Indikator" des World Economic Forums bestätigt wird (vgl. Graham 2016).

Die daraus erwachsende Notwendigkeit, sich auf Informationstechnologien verlassen zu müssen, mache das Land jedoch zugleich in hohem Maße verletzbar, heißt es in der Ende 2016 veröffentlichten Cybersecurity-Strategie des Landes (vgl. CSA 2016). Angeführt von der „Cybersecurity Agency" (CSA) sollen gemeinsam mit der

---

[10] Die IMDA ist eine Fusion der früheren „Media Development Authority" (MDA), der zentralen Medienzensurbehörde Singapurs, sowie der „Infocomm Development Authority" (IDA), die für die Planung und Entwicklung des Informations- und Kommunikationstechnologie-Sektors auf staatlicher Ebene verantwortlich war.

Industrie und der Bevölkerung Maßnahmen zum Schutz der digitalen Souveränität von Singapur realisiert werden.

Die dabei verfolgte Strategie basiert vor allem auf vier zentralen Säulen: Aufbau einer belastbaren Infrastruktur, Schaffung eines sicheren Cyberspace, Entwicklung eines dynamischen Ökosystems für digitale Sicherheit und Stärkung von Partnerschaften.

Gerade die vierte Säule, die Relevanz von internationalen Partnerschaften bei der Stärkung der nationalen Cybersecurity, meint nicht wie im Falle China die Überein-kunft, man möge sich jeweils nicht in die Angelegenheiten des anderen nationalen Partners einmischen. Vielmehr scheint man in Singapur davon überzeugt zu sein, dass man nur gemeinsam, also in internationaler Kooperation der globalen Heraus-forderung bedrohter digitaler Sicherheit begegnen kann. Lücken in der (internationa-len) Gesetzgebung gelte es gemeinsam zu schließen. Nicht Abschottung und Kon-zentration auf die innerstaatlichen Interessen und Regularien strebt Singapur an, sondern konsensorientierte Zusammenarbeit auf globaler Ebene, um das Ziel nach-haltiger Cyber-Sicherheit zu erreichen:

> *„Singapur engagiert sich für eine starke globale Zusammenarbeit für unsere gemeinsame globale Sicherheit. Singapur wird aktiv mit der internationalen Gemeinschaft zusammenarbeiten, insbesondere mit der ASEAN, um sich mit Fragen der transnationalen Cybersecurity und dem Thema Cybercrime zu befassen. Wir werden uns für Initiativen zum Aufbau der Cyber-Kapazitäten einsetzen und den Austausch über Cyber-Normen und -Rechtsvorschriften erleichtern. Durch internationalen Konsens, Vereinbarungen und Kooperatio-nen können wir den Cyberspace zu einem sichereren und verlässlicheren Platz für alle machen."* (CSA 2016)[11]

Durch seine Erfahrung, dass Singapur seit 2013 mehrfach Opfer von Cyber-Spionage großen Ausmaßes wurde, fasst der Stadtstaat solche Attacken als globale Herausfor-derung auf – wenngleich er parallel zu kooperativen internationalen Aktivitäten auch im Inland zahlreiche eigenständige Gegenmaßnahmen getroffen hat: So hat Singa-pur seit 2013 einen „National Cybersecurity Master Plan" und das Programm „Nati-onal Cybersecurity R&D" (NCR) zur Förderung der zugehörigen Forschung aufgelegt,

---

[11] *Zitat im englischen Original: „Singapore is committed to strong global collaboration for our collective global security. Singapore will actively cooperate with the international community, particularly with the ASEAN, to address transnational cybersecurity and cybercrime issues. We will champion cyber capacity building initiatives, and facilitate exchanges on cyber norms and legislation. Through international consensus, agreement and cooperation, we can make cyberspace a safer and more secure place for all."*

mit dem „National Cyber Security Centre" (NCSC) und der CSA zwei spezialisierte staatliche Institutionen geschaffen und diverse strategische und regulative Maßnahmen gestartet (Cybercrime Command 2015; National Cybercrime Action Plan 2016) (vgl. CSA 2016).

Auf Gesetzesebene überarbeitete Singapur im Nachhall der Cyber-Attacken von 2013 den „Computer Misuse Act" (CMA) im selben Jahr sowie erneut im Jahr 2017, um die Umsetzung der Cybersecurity-Strategie der Regierung und den Aufbau robuster Cybersecurity-Fähigkeiten zu unterstützen.

Der Gesetzentwurf versucht in seiner letzten Fassung, seine Reichweite zu erweitern, indem er Handlungen kriminalisiert, die durch Cyber-Angriffe ermöglicht werden. In Bezug auf die exterritoriale Anwendung stuft der CMA nunmehr auch Taten als strafbar ein, die vom Ausland gegen einen Computer in Singapur verübt werden. Allerdings reicht der Arm des CMA nicht so weit, dass er Handlungen ahnden könnte, die vom Ausland gegen einen Computer im Ausland begangen werden, auch wenn dadurch der Schaden in Singapur entsteht. Hier stößt er also an seine (transnationalen) Grenzen. Doch greift der CMA in seinem Wirkungskreis härter durch, weil mehrfach verübte Straftaten nun beispielsweise höher bestraft werden können (vgl. Leck und Lim 2017a).

Auf politischer Seite sorgt man sich in Singapur vor allem um die lokalen Unternehmen, deren Bewusstsein in Fragen der Datensicherheit unzureichend erscheint. Als Gegenmaßnahme bietet beispielsweise der staatliche Dienstleister „Singapore Computer Emergency Response Team" (SingCERT) Sicherheitshinweise für Unternehmen an, um sie auf Bedrohungen aufmerksam zu machen. Ferner soll die „Infocomm Media Development Authority" (IMDA) einen neuen Technologie-Hub etablieren, der unter anderem kleine und mittlere Unternehmen zum Thema Cybersecurity beraten kann (vgl. Leck und Lim 2017b).

Estland

Das kleine Land im europäischen Norden will in Sachen Digitalisierung ganz nach vorn und hat dafür unter anderem im staatlichen Sektor eine Vielzahl innovativer Maßnahmen realisiert. De facto hat sich Estland nach dem Einschnitt in Folge des Kalten Krieges, als sich das gesamte System zwangsläufig reorganisieren musste, mit dem Programm „e-Estonia" neu erfunden. Wie auf der Website e-Estonia.com nachzulesen ist, stand am Anfang dieses langen Prozesses die bewusste Entscheidung der estnischen Regierung nach dem Ende des Ostblocks, auf Digitalisierung als neue Entwicklungsbasis des Landes zu setzen. Seit mehr als zwanzig Jahren treibt die estnische Staatsführung diesen Plan nunmehr zielstrebig voran und hat damit ein einzigartiges staatliches Geschäftsmodell geschaffen.

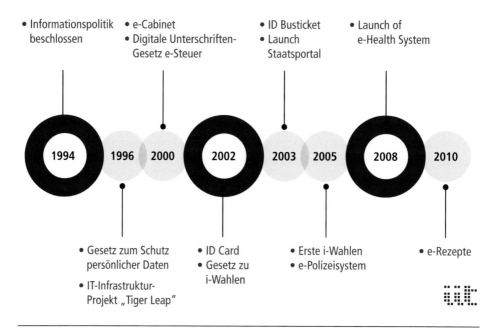

Abbildung 3.2.3: Estlands Weg zur E-Society

Besondere Aufmerksamkeit im Kontext digitaler (öffentlicher) Verwaltungsinnovationen hatte die „e-Residency" Estlands erregt. Diese wird seit 2014 angeboten und soll insbesondere Unternehmer virtuell und finanziell ins Land ziehen. Für 50 Euro erhält der Erwerber der e-Residency-Chipkarte zwar keine volle estnische Staatsbürgerschaft, aber er kann mithilfe der Identifikationsfunktionen zahlreiche Behördengänge in Estland via Internet absolvieren. Dies reicht bis hin zu Unternehmensgründungen, die in wenigen Minuten komplett über das Internet erfolgen können. „Über 40 Länder weltweit nutzen estonische IT-Lösungen"[12] heißt es dazu auf e-Estonia.com.

Die deutsche Bundesregierung holte für den digitalen Wandel hierzulande bereits Rat von estnischer Seite in Person des Premierministers Taavi Roivas ein, und Bundesinnenminister Thomas de Maizière bezeichnete Estland als europäischen Vorreiter, von dem Deutschland viel lernen könne (vgl. BR 2016).

Eine derartige gesamtgesellschaftliche Konzentration auf die Digitalisierung macht ein Land jedoch angreifbar für Cyber-Angriffe und folglich auch stark davon abhän-

---

[12] *Zitat im englischen Original: „Over 40 countries around the world are using Estonian e-solutions". Siehe hierzu: e-Estonia.com: How we got there. Verfügbar unter: https://e-estonia.com/the-story/how-wegot- there, zuletzt zugegriffen am 29.04.2017.*

gig, diesen wirksam begegnen zu können. Diese Verletzlichkeit wurde den Esten im Frühjahr 2007 sehr deutlich bewusst, als umfangreiche Attacken maßgebliche estnische Institutionen trafen. Das öffentliche Leben in Estland war durch die Ereignisse stark beeinflusst, denn die Angriffe richteten sich zwar primär auf politische Institutionen, aber auch auf Banken, Medien und Kommunikationsnetze (vgl. BBC News 2008).

Estlands Regierung bemüht sich seitdem umso mehr um höchste Sicherheitsstandards. Gleichzeitig wurden aber auch internationale Partner endgültig wachgerüttelt. Passend dazu betreibt beispielsweise die NATO seit 2008 in Tallinn ein Cyber-Abwehrzentrum und nutzt so zugleich die hervorragende digitale Infrastruktur Estlands. Auch gemeinsame Manöver zur Cyber-Abwehr werden von NATO-Staaten regelmäßig in Estland abgehalten.

Jüngst ging Estlands Regierung noch einen Schritt weiter: Ganz im Sinne seiner grundsätzlich dezentralen IT-Infrastruktur werden nun außerhalb des Landes sogenannte Daten-Botschaften gegründet, an denen der estnische Datenbestand im Falle eines Falles als Back-Up verfügbar ist. Offenbar wird es nicht nur bei einem Standort bleiben: Die erste estnische Daten-Botschaft wird in Luxembourg eröffnet, nachdem Großbritannien wegen des Brexits ausschied (vgl. Security Week 2016).

Dänemark

Dänemark nahm im EU-Index für Digitalisierung (Digital Economy and Society Index – DESI) im Jahr 2017 erneut Platz eins ein. Seit Jahren ist Dänemark innerhalb der EU einer der digitalen Spitzenreiter. Doch für 2017 bescheinigt die DESI-Analyse Dänemark noch einmal besonders große Fortschritte (vgl. Europäische Kommission 2017). Auch der dänische Staat macht keinen Hehl daraus, dass das Land ambitionierte Zielsetzungen in Sachen Digitalisierung hegt (Dänemark – Das digitalisierteste Land der Welt)[13]: Diese Ambitionen schließen eine Höchststufe digitaler Sicherheit ein.

Das dänische „Centre for Cyber Security" konstatiert in einer Studie aus dem Jahr 2016 eine insgesamt sehr hohe Bedrohung der Cyber-Sicherheit sowohl für staatliche Stellen als auch für die Privatwirtschaft (vgl. CFCS 2016). Im April 2017 gab es erneut Meldungen, das dänische Verteidigungsministerium leide seit Jahren unter

---

[13] *Zitat im englischen Original: „Denmark – The most digitised country in the world". Siehe hierzu: Denmark – The most digitised country in the world. Visions for the Danish Government (2015). Verfügbar unter: www.finansraadet.dk/en/News/Documents/2015/193-2015%20Danmark%20Digitalisering%202015%20UK.PDF, zuletzt zugegriffen am 29.04.2017.*

Hacker-Attacken aus dem Ausland (vgl. MacFarquhar 2017), bei denen sich immer neue Herangehensweisen abzeichneten:

> *„Die staatlich finanzierten Hacker-Gruppen nutzen zunehmend Organisatio-*
> *nen, zu denen sie bereits Zugriff erlangt haben, als Plattform, um mehr Ziele*
> *mit größerem Sicherheitsbewusstsein anzugreifen. Öffentliche Einrichtungen*
> *und private Unternehmen können so zum Sprungbrett für echte Ziele werden*
> *– dies ist ein Element, das in ihrem Risikomanagement berücksichtigt werden*
> *sollte."* (CFCS 2016)[14]

In technischer Hinsicht soll die Entwicklung neuer IT-Systeme im Sinne von „Privacy by Design" und „Security by Design" bereits im Entstehungsprozess auf ihre Konformität hin geprüft werden. So sieht es, wie oben erwähnt, auch die EU-Datenschutz-Grundverordnung vor. Vorschläge in den dänischen Strategien für Entwicklungsbereiche beziehen sich beispielsweise auf Lösungen für Daten-Anonymisierungs- und De-Anonymisierungsprozesse (Denmark – The most digitised country in the world 2015).

Auch die dänische Cyber Strategie 2016–2020 beschäftigt sich umfassend mit Sicherheitsfragen (The Government; Local Government; Danish Regions 2016). Für den dänischen IT-Governance-Bereich wird gefordert, Nutzer, die mit dem Entwicklungstempo nicht Schritt zu halten vermögen, umfassend zu unterstützen. So soll in der sehr auf sozialen Ausgleich orientierten Gesellschaft Dänemarks niemand den Anschluss an die digitale Entwicklung verlieren.

Sozialer Ausgleich und gleichberechtigte Teilhabe an der Digitalisierung sind auch im Kontext digitaler Sicherheit in Dänemark ein politisch relevanter Faktor, wozu auch der Schutz der Privatheit dänischer Bürger gehört. Deutlich wird im dänischen Diskurs – explizit und implizit –, dass der digitalen Souveränität aller Bürger analog zu dem allgemeinen gesellschaftlichen Zusammenhalt ein hoher Stellenwert eingeräumt wird.

In dem Strategiepapier zu den staatlichen Visionen von 2015, das unter umfangreicher Mitwirkung von zahlreichen dänischen Institutionen und Unternehmen entstand, zielt der Begriff der digitalen Sicherheit ebenfalls nicht nur auf den allgemeinen Schutz von individuellen und institutionellen Anwendern bei der Nutzung digi-

---

[14] *Zitat im englischen Original: „The state-sponsored hacker groups are increasingly using*
organizations whose networks they have already gained access to as platforms for
attacking more targets with greater security awareness. Public authorities and private
companies could thus become a stepping stone towards the real targets – an element
that should be included in their risk management."

taler Lösungen ab. Digitale Sicherheit umfasst auch hier die Einbeziehung herausgeforderter Gruppen der dänischen Gesellschaft, die nicht im Stich gelassen werden dürften. Dies steht in einem auffälligen Kontrast zu den genannten asiatischen Strategien, in denen Bürgerinteressen, Partizipation und Zugang auf der individuellen Ebene eine untergeordnete Rolle spielen. Passend hierzu heißt es auch zur dänischen „Agency for Digitisation", dass deren Gründung 2011 insbesondere mit der Zielsetzung erfolgte, den dänischen Wohlfahrtsstaat zu modernisieren (vgl. Danish Ministry of Defence 2016).

> *„Dänemark hat eine Tradition, eine integrative Gesellschaft zu sein, und wir müssen dies in Bezug auf die Digitalisierung beibehalten. Wir werden deshalb zusammen mit dem öffentlichen Sektor dazu beitragen, dass die Digitalisierung für alle in Dänemark verfügbar ist."* (Europäische Kommission 2017)[15]

Die deutsche Situation im Kontext

Die Aufregung in den sozialen Medien war groß, als die deutsche Bundeskanzlerin Angela Merkel 2013 im Rahmen einer Pressekonferenz mit Barack Obama das Internet als Neuland bezeichnete (vgl. BR 2013b). Was die „Digital Natives" in den Foren des Internets zu größter Aktivität ansporte, entbehrte zu dem Zeitpunkt jedoch für einen Großteil der deutschen Bevölkerung nicht jeder Grundlage: die Selbstverständlichkeit, mit der in Deutschland das Internet und digitale Dienstleistungen genutzt wurden und werden, ist mitunter längst nicht so groß wie von weiten Teilen der digitalisierungsaffinen jüngeren Generation und Vertretern der Medien durch ihre Entrüstung suggeriert wird. Im „The Digital Economy and Society Index" (DESI) der Europäischen Kommission nimmt Deutschland aktuell (2017) im europäischen Vergleich nur einen der mittleren Plätze ein, weit abgeschlagen hinter den Spitzenreitern Dänemark, Finnland, Schweden und den Niederlanden. Dass Deutschland in diesem bedeutsamen Feld von einer Spitzenposition recht weit entfernt ist, ist allen relevanten Akteuren bekannt und findet auch im Handeln des Staates – hier insbesondere des Bundes – seinen Ausdruck (Europäische Kommission 2017).

Der Begriff der digitalen Souveränität findet sich nicht im Koalitionsvertrag von CDU, CSU und der SPD für die 18. Legislaturperiode (BR 2013a), wohl aber vergleichbare Termini wie technologische Souveränität und Schlagworte wie Cyber-Kriminalität und digitaler Datenschutz. Mit der Digitalen Agenda 2014–2017 formulierte die Bundes-

---

[15] *Zitat im englischen Original: „Denmark has a tradition of being an inclusive society and we need to maintain this in terms of digitisation. We would therefore, together with the public sector, like to contribute to making digitisation available for everyone in Denmark."*

regierung 2014 die Grundsätze ihrer Digitalpolitik (BR 2014). Verantwortlich sind gleich drei Ministerien: das Bundesministerium für Wirtschaft und Energie, das Bundesministerium des Innern und das Bundesministerium für Verkehr und digitale Infrastruktur.

Das Dokument skizzierte die Absichten der Regierungsarbeit unter anderem für die Entwicklung digitaler Infrastrukturen, digitale Wirtschaft, Bildung und Forschung, Sicherheit sowie die Einbettung der deutschen Digitalen Agenda in den europäischen und internationalen Kontext. Die Digitale Agenda wurde bereits im Zuge ihrer Vorstellung mehrfach kritisiert. Beanstandet wurde unter anderem, dass sie kaum über eine Beschreibung der Problemlage hinaus käme (vgl. Steiner 2014). Und auch die Verteilung der Verantwortung auf gleich drei „Internetminister" (vgl. Matzat 2014) vermochte nicht zu überzeugen.

Ende April 2017 stellten nun die drei Ministerien den Legislaturbericht „Digitale Agenda 2014–2017" (vgl. BMI et al. 2017) vor und verwiesen auf die Fortschritte in den jeweiligen Handlungsfeldern. Entstanden sind demnach in den letzten Jahren unter anderem Weißbücher zu Themen wie Arbeiten 4.0 (BMAS 2017) und Digitale Plattformen (BMWi 2017).

Wie schon bei der Vorstellung der Digitalen Agenda zum Beginn der Legislaturperiode war auch die Resonanz auf den Legislaturbericht eher zurückhaltend. Die Kommentare machen unter anderem auf die großen Schwierigkeiten bei der Digitalisierung der öffentlichen Verwaltung und die Umsetzung von Open Data (vgl. tagesschau.de 2017) aufmerksam. Sowohl die eingangs erwähnte aktuelle Bewertung durch den DESI wie auch andere Indikatoren weisen darauf hin, dass Deutschland mit der Digitalen Agenda einer Spitzenposition in Europa bislang nicht nähergekommen ist und weitere Anstrengungen erforderlich sein werden. Dazu gehört unter anderem auch die Fortführung der Forschung über den Prozess der Digitalisierung und damit verbundener Implikationen. Ein Ort dafür wird künftig das Deutsche-Internet-Institut in Berlin sein, wie Ende Mai auf einer Pressekonferenz des Bundesministeriums für Bildung und Forschung bekanntgegeben wurde (vgl. BMBF 2017).

Dass in Bezug auf die technische Infrastruktur bei Weitem nicht alle Möglichkeiten ausgeschöpft wurden, attestiert auch eine Studie der Bertelsmann-Stiftung, die das Fraunhofer-Institut für System- und Innovationsforschung ISI durchgeführt hat. Fazit: Deutschland konnte bisher beim Ausbau seiner Breitbandnetze nicht aufholen. Gerade in Hinblick auf die Entwicklung der als zukunftsträchtig angesehenen Glasfaserinfrastruktur gibt Deutschland im Vergleich zu anderen – auch europäischen Staaten – ein schwaches Bild ab. Dies betrifft insbesondere ländliche Regionen, wo Deutschland nicht nur hinter kleinen, hier schon thematisierten Ländern wie Estland, sondern zum Beispiel auch hinter Spanien zurückbleibt (vgl. Beckert 2017).

Nach wie vor ist die Situation in Deutschland von dem Bestreben geprägt, Abhängigkeiten gegenüber dem Ausland – insbesondere bei Software, Hardware und digitalen Infrastrukturen – zu reduzieren. Hier liegt der Fokus auf wirtschaftlichen Interessen: Digitale Souveränität entwickelt sich hierzulande gerade im Kontext von Industrie 4.0 und der Hightech-Strategie der Bundesregierung zu einer entscheidenden ökonomischen Standortfrage. Mit der Fraunhofer-Gesellschaft an der Spitze der staatlich geförderten Forschung will der Staat aktuell die Wettbewerbsfähigkeit der deutschen Wirtschaft – besonders der Automobilindustrie – sicherstellen.

Entscheidend für das Gelingen der industriellen Automatisierungspläne Deutschlands ist unter anderem die Gewährleistung sicherer Datenräume, wie sie derzeit beispielsweise im Konzept „Industrial Data Space" avisiert wird (vgl. FhG 2016). Mit solchen Datenräumen, die in industrie-partnerschaftlich zugänglichen Clouds vor Cyber-Spionage durch ausländische Konkurrenz bewahrt werden, will man noch zögerliche, insbesondere auch mittelständische Unternehmen für ein Engagement im Zuge der datenbasierten vierten industriellen Revolution gewinnen (vgl. Ronzheimer 2017).

Die Abhängigkeit vom Betriebssystem Windows der Firma Microsoft hat sich zuletzt wiederholt als problematisch herausgestellt – beispielsweise im Rahmen des „WannaCry"-Hackerangriffs oder durch Meldungen über Computerprogramme wie Athena im Arsenal der CIA, mit dem sich die Organisation Zugang zu jedem Windows-Rechner verschaffen können soll (vgl. ntv 2017b). Hier konnten auch trotz entsprechender Beschlüsse des Europäischen Parlaments auf Kommissions- und Regierungsebene in Europa noch keine effektiven Maßnahmen durchgesetzt werden, die Abhängigkeiten von ausländischen Unternehmen wie Microsoft reduzieren würden (vgl. ntv 2017a).

Es liegt auf der Hand, dass hier komplexe wirtschaftspolitische Interessen und Machtstrukturen wirksame politische Schritte erschweren können. Derzeit geht es in der deutschen Ökonomie nicht mehr nur darum, ein Microsoft oder Google made in Germany beziehungsweise ein IT-Flaggschiff für eine noch unbesetzte Nische zu erschaffen (vgl. Bitkom 2015). Vielmehr sorgt man sich in Deutschland – etwa mit Blick auf das autonome Fahren –, dass die hiesigen Kernindustrien auf die hinteren Bänke der Hardware-Zulieferer für die digitalen Riesen degradiert werden, die künftig in allen möglichen Sparten den Ton angeben könnten (vgl. Canzler 2016).

Die digitale Souveränität auf staatlicher Ebene zu erweitern, heißt in Deutschland sowohl die Interessen der Wirtschaft zu wahren und Schutz zu gewährleisten als auch die Interessen der breiten Bevölkerung im Auge zu behalten. Dass das Vertrauen in die Kompetenz der Politik und die Neutralität im Sinne ihrer Bürger erschüttert ist, hängt sicherlich auch eng mit den Aufdeckungen von Edward Snowden zusammen, die sich bis zu den jüngsten Enthüllungen von Wikileaks fortsetzen und den Bürger die Abgründe mehr als erahnen lassen. Vorstöße in jüngerer Zeit – wie jene zur Abschaffung des Bargelds oder zur verpflichtenden Durchsetzung des elektronischen Passes – haben in der deutschen Öffentlichkeit zum Teil vehemente Widerstände hervorgerufen und dürften eher das Gefühl der Bürger bestärkt haben, dass ihre digitale Souveränität gegenüber jener des Staates oder der Wirtschaft als nachranging angesehen wird. Das auf internationaler Ebene so vielfältig thematisierte schwindende Vertrauen in den Prozess der Digitalisierung allgemein und die Nutzung einzelner Dienstleistungen wird so nur schwerlich zurückzugewinnen sein.

Ausblick

Was bedeutet nun digitale Souveränität aus der Sicht von internationalen Organisationen, Staatengemeinschaften und einzelnen Ländern? Es gibt viele Gemeinsamkeiten: Die Potenziale der Digitalisierung – nicht nur des Internets – für die wirtschaftliche und soziale Entwicklung sind unbestritten. Doch zusammen mit dem rasanten technologischen Fortschritt, dem zunehmenden Zwang, auf Technologie und digitale Dienstleistungen vertrauen zu müssen, wächst zugleich das Bewusstsein der Abhängigkeit und Verletzbarkeit. Und es gibt noch eine Gemeinsamkeit aller Akteure, die sie zugleich verbindet und gegeneinander positioniert – die Vorstellung, dass die gleichen Normen, Prinzipien und Werte, die in den jeweiligen Ländern offline gelten, auch online angewendet werden sollten. Während die EU in ihrer Cybersecurity Strategie Offenheit und Freiheit im Netz als zentrale Prinzipien hervorhebt, die sie auch online zur Geltung bringen will (vgl. Europäische Kommission 2013), realisiert China einen nationalen Cyberspace, der den Normen und eher hermetischen Prinzipien folgt, die das Land auch offline zur Geltung bringt.

Der Kontrast zwischen der EU und China ist nur ein Beispiel für die zunehmende Fragmentierung eines ohnehin nicht einheitlichen Internets. Und die Auseinandersetzung um Sicherheitsrisiken und spezifische, nationale Interessen ist längst im Gange: Auch innerhalb des westlichen Blocks herrscht nicht uneingeschränkte Einigkeit. Beispielhaft ist bei uns der fortdauernde Konflikt mit Facebook über den Umgang mit in Deutschland strafrechtlich relevanten Beiträgen, etwa rechter Propaganda oder auch der Darstellung von Nacktheit.

Im E-Commerce und insbesondere im E-Service kollidieren oft anhand der Aktivitäten transnational agierender Unternehmen auch unterschiedliche Rechtssysteme. Und schließlich besteht auch in vielen europäischen Ländern ein gewisses Misstrauen gegenüber anderen westlichen Ländern, in denen etwa die zentralen Knotenpunkte des Internets verwaltet werden, an denen potenziell Daten abgegriffen werden können. Auch liberale Staaten oder Staatengemeinschaften haben vor diesem Hintergrund den Bedarf der Ausweitung ihrer Schutzfunktionen erkannt und stoßen im Zuge des Umdenkens an die Grenzen der Grenzenlosigkeit des digitalen Raums. Die

Folgen dieses auch als Balkanisierung des Internets beschriebenen Prozesses sind zum gegenwärtigen Zeitpunkt nur schwer vorherzusagen.

Bei dieser Untersuchung mit internationalen Perspektiven auf digitale Souveränität nahmen jedoch auch einige zentrale Lösungsansätze deutlichere Konturen an: Wie zu sehen war, strebt Singapur über die regionale Interessengemeinschaft ASEAN und darüber hinaus internationale Allianzen an, um den digitalen Herausforderungen zu begegnen. Es verfolgt damit offenbar eine andere Strategie als der asiatische Nachbar China und ist näher am Vorgehen der EU, die auf regionale Partnerschaften aufbaut. Regionale Staatenverbünde wie ASEAN und die EU können als Motoren für gemeinsame, grenzüberschreitende Initiativen von Partnerländern aktiv werden. Wie die beteiligten europäischen Staaten vereinbarte Maßnahmen unterstützen und mittragen müssen, um als regionale Macht ihre digitale Souveränität zu sichern – etwa bei der konsequenten Umsetzung der EU-Datenschutz-Grundverordnung –, so wird auch Singapur zu Kompromissen bereit sein müssen, wenn es mit Hilfe von Partnerschaften gemeinsame Strategien zur Wahrung von Cyber-Sicherheit und -Souveränität entwickeln und umsetzen will.

Internationale Zusammenarbeit stellt die eigenen, die Souveränität umgebenden Grenzen nicht in Frage, sondern ist vielmehr ihre langfristige Garantie – ebenso wie internationale Kooperation in Europa einen grundlegenden Zweck der Staatengemeinschaft darstellt. Denn nur durch die Kooperation der EU-Staaten können globale Herausforderungen nachhaltig adressiert werden.

Insbesondere für exportorientierte Länder wie Deutschland sind Abschottung und politische Alleingänge keine realistische Option. Angesichts globaler Wirtschaftsstrukturen ist eine ökonomische Autarkie ebenso wenig erstrebenswert wie realistisch. Die Analyse der Strategien der kleineren Staaten – insbesondere von Estland und Singapur – hat gezeigt, dass sie den Herausforderungen durch Offenheit und internationale Kooperation zu begegnen suchen. Eine Orientierung auf die Binnenwirtschaft mag heutzutage selbst für das bevölkerungsreiche China eine große Herausforderung darstellen, für kleinere Länder – und dazu muss in diesem Rahmen auch Deutschland gezählt werden – ist dies keine realistische Alternative.

Andererseits entwickeln sich, wie an den Beispielen Singapur, Estland und Dänemark zu sehen war, gerade kleinere Staaten recht gut, was die Digitalisierung und auch zumindest das Schaffen von Souveränitätsstrategien in diesem Kontext betrifft. Liegt das wiederum nur an den kleineren Ausmaßen dieser Systeme und ihrer Gesellschaften, die zum Beispiel die Mitnahme der ganzen Bevölkerung und Wirtschaft in Richtung Digitalisierung erleichtern? Gerade die europäischen Nachbarn, und hier insbesondere die skandinavischen Länder, Estland und die Niederlande sind aufgrund ähnlicher Wertesysteme nicht nur räumlich die vermutlich naheliegenderen Vorbilder. Doch auch hier ist eine genauere Untersuchung erforderlich, welche im Ausland erprobten Entwicklungen für Deutschland geeignet sind und welche nicht. Wenn die gläserne Existenz der Bürger in Estland offenbar weitgehend akzeptiert wird beziehungsweise ohne weitere Alternativen durchgesetzt werden kann (Laaf und Schlieter 2016), dies hierzulande jedoch aufgrund einer anderen historischen Erfahrung und Rechtsprechung – etwa der im Rahmen der Volkszählung entstandenen Rechtsprechung zur informationellen Selbstbestimmung – mit Vorbehalten und Skepsis betrachtet wird, dann ist die Durchsetzung entsprechender Regelungen nur unter großen Kosten des Vertrauens in die Politik zu realisieren. Der Ansatz Dänemarks zeichnet sich hier durch seinen inklusiven und unterstützenden Ansatz bei der Begleitung des Prozesses der Digitalisierung aus, weil es die Einbindung der breiten Bevölkerung als aktives Aufgabenfeld der beteiligten Akteure aus Politik und Wirtschaft definiert.

Für Deutschland bedeutet dies, weiterhin eine sowohl die eigenen historischen und kulturellen Voraussetzungen respektierende Strategie zu entwickeln und zu verfolgen als auch dabei zugleich die Vielfältigkeit der internationalen Interessen und Entwicklungen anzuerkennen. Diese gilt es zu beobachten, wobei vor allem der Blick auf erfolgreiche europäische Partnerländer vielversprechend erscheint, um im internationalen Kontext gegenüber dem nach wie vor dominanten digitalen Hegemon USA sowie aufstrebenden Akteuren wie China bestehen zu können. Die europäische Kooperation erscheint hier dringlicher denn je. Maßnahmen wie die EU-Datenschutzrichtlinie können hilfreich sein, neuen nationalen Initiativen eine Orientierung zu geben und verlorenes Vertrauen sowohl in die politische Gestaltbarkeit der Digitalisierung der Gesellschaft als auch in die Europäische Union wiederherzustellen.

Literatur

Alsabah, N. (2017). Peking will gläserne Unternehmen. In: ZEIT ONLINE, 31.03.2017. Verfügbar unter: www.zeit.de/politik/ausland/2017-03/netzpolitik-china-cybersicherheit-zensur-internet, zuletzt zugegriffen am 29.04.2017.

BBC News (2008). Estonia fines man for 'cyber war'. In: BBC News, 25.01.2008. Verfügbar unter: http://news.bbc.co.uk/2/hi/technology/7208511.stm, zuletzt zugegriffen am 29.04.2017.

Beckert, B. (2017). Ausbaustrategien für Breitbandnetze in Europa. Was kann Deutschland vom Ausland lernen? In: Bertelsmann-Stiftung. Verfügbar unter: www.bertelsmann-stiftung.de/fileadmin/files/Projekte/Smart_Country/Breitband_2017_final.pdf, zuletzt zugegriffen am 29.05.2017.

Bitkom (2015). Digitale Souveränität. Positionsbestimmung und erste Handlungsempfehlungen für Deutschland und Europa. Verfügbar unter: www.bitkom.org/noindex/Publikationen/2015/Positionspapiere/Digitale-Souveraenitaet/BITKOM-Position-Digitale-Souveraenitaet.pdf, zuletzt zugegriffen am 29.05.2017.

Bound, K.; Saunders, T.; Wilsdon, J.; Adams, J. (2013). China's absorptive state. Research, innovation and the prospects for China-UK collaboration. Verfügbar unter: www.nesta. org.uk/sites/default/files/chinas_absorptive_state_0.pdf, zuletzt zugegriffen am 21.07.2017.

Bundesministerium des Innern (BMI); Bundesministerium für Wirtschaft und Energie (BMWi); Bundesministerium für Verkehr und digitale Infrastruktur (BMVI) (2017). Legislaturbericht Digitale Agenda 2014–2017. Verfügbar unter: www.digitale-agenda.de/Content/DE/_ Anlagen/2017/04/2017-04-26-digitale-agenda.pdf?__blob=publicationFile&v=3, zuletzt zugegriffen am 29.05.2017.

Bundesministerium für Arbeit und Soziales (BMAS) (2017). Weissbuch Arbeiten 4.0. Verfügbar unter: www.bmas.de/SharedDocs/Downloads/DE/PDF-Publikationen/a883-weissbuch. pdf;jsessionid=CFBEED1F3D55F84F4C53BD3547034EBB?__blob=publicationFile&v=8, zuletzt zugegriffen am 29.05.2017.

Bundesministerium für Bildung und Forschung (BMBF) (2017). Das Deutsche Internet-Institut entsteht in Berlin – BMBF. Verfügbar unter: www.bmbf.de/de/das-deutsche-internet-insti-tut-entsteht-in-berlin-4227.html (zuletzt aktualisiert am 23.05.2017), zuletzt zugegriffen am 29.05.2017.

Bundesministerium für Wirtschaft und Energie (BMWi) (2017). WEISSBUCH – DIGITALE PLATTFORMEN 2017. Verfügbar unter: www.bmwi.de/Redaktion/DE/Publikationen/ Digitale-Welt/weissbuch-digitale-plattformen.pdf?__blob=publicationFile&v=22, zuletzt zugegriffen am 29.05.2017.

Bundesregierung (BR) (2013a). Deutschlands Zukunft gestalten. Koalitionsvertrag zwischen CDU, CSU und SPD 18. Legislaturperiode. Verfügbar unter: www.bundesregierung.de/ Content/DE/_Anlagen/2013/2013-12-17-koalitionsvertrag.pdf?__blob=publicationFile, zuletzt zugegriffen am 29.05.2017.

Bundesregierung (BR) (2013b). Pressekonferenz von Bundeskanzlerin Merkel und US-Präsi-dent Obama. Verfügbar unter: www.bundesregierung.de/ContentArchiv/DE/Archiv17/ Mitschrift/Pressekonferenzen/2013/06/2013-06-19-pk-merkel-obama.html, zuletzt zugegriffen am 29.05.2017.

Bundesregierung (BR) (2014). Digitale Agenda 2014–2017. Verfügbar unter: www.bmwi.de/ Redaktion/Migration/DE/Downloads/Publikationen/digitale-agenda-2014-2017.pdf?__ blob=publicationFile&v=1, zuletzt zugegriffen am 29.05.2017.

Bundesregierung (BR) (2016). Kabinettsklausur in Meseberg. Digitalisierung gemeinsam vorantreiben, 25.05.2016. Verfügbar unter: www.bundesregierung.de/Content/DE/ Artikel/2016/05/2016-05-24-digitalisierung-meseberg.html, zuletzt zugegriffen am 29.04.2017.

Cai, J.; Kwong, P. (2016). Communist Party leadership calls for fairer global governance of internet. Developing nations should take on a greater role in managing the web, presi-dent tells opening of conference in Wuzhen. In: South China Moning Post, 16.11.2016. Verfügbar unter: www.scmp.com/news/china/policies-politics/article/2046645/communist-party-leadership-calls-fairer-global, zuletzt zugegriffen am 20.07.2017.

Canzler, W. (2016). Autonomes Fahren in Deutschland. Die deutsche Politik und die deutsche Automobilindustrie denken nicht weit genug. In: Tagesspiegel, 19.08.2016. Verfügbar unter: https://causa.tagesspiegel.de/gesellschaft/autonomes-fahren-sind-wir-bereit-fuer-selbstfahrende-autos/die-deutsche-politik-und-die-deutsche-automobilindustrie-denken-nicht-weit-genug.html, zuletzt zugegriffen am 29.05.2017.

Centre for Cyber Security (CFCS) (2016). Threat Assessment. The cyber threat against Denmark. Verfügbar unter: https://fe-ddis.dk/cfcs/CFCSDocuments/Threat%20Assessment%20-%20The%20cyber%20threat%20against%20Denmark.pdf, zuletzt zugegriffen am 27.04.2017.

China Media Project (CMP) (2015). Internet Sovereignty. China Media Project. Verfügbar unter: http://cmp.hku.hk/2015/09/30/internet-sovereignty, zuletzt zugegriffen am 24.04.2017.

Christmann-Budian, S. (2012). Chinesische Wissenschaftspolitik seit den 1990er Jahren. Eine empirische Analyse zur praxispolitischen und ideologischen Funktionalisierung von Wissenschaft in einer transformativen Gesellschaft der Globalisierungsära. Verfügbar unter: www.diss.fu-berlin.de/diss/servlets/MCRFileNodeServlet/FUDISS_derivate_000000012882/Dissertation_Christmann.pdf;jsessionid=A373022019E9F6C35A99712116B94F8A?hosts=, zuletzt zugegriffen am 20.07.2017.

Cole, T. (2016). Finanzkrise: Das Internet ist schuld – und die Lösung. In: IT Finanzmagazin. Verfügbar unter: www.it-finanzmagazin.de/finanzkrise-das-internet-ist-schuld-und-die-loesung-26620, zuletzt zugegriffen am 26.04.2017.

Cyber Security Agency of Singapore (CSA) (2016). Singapore's Cybersecurity Strategy. SCS 2016. Verfügbar unter: www.csa.gov.sg/~/media/csa/documents/publications/singaporecybersecuritystrategy.pdf?la=en, zuletzt zugegriffen am 28.04.2017.

Danish Ministry of Defence (2016). Danish Cyber Fact Sheet. Verfügbar unter: www.fmn.dk/temaer/nato/Documents/2016-NATO-faktaark-Danish-Cyber.pdf, zuletzt zugegriffen am 20.07.2017.

Denmark – The most digitised country in the world. Visions for the Danish Government (2015). Verfügbar unter: www.finansraadet.dk/en/News/Documents/2015/193-2015%20Danmark%20Digitalisering%202015%20UK.PDF, zuletzt zugegriffen am 29.04.2017.

Europäische Kommission (2010). Digitale Agenda für Europa. Verfügbar unter: http://eur-lex.europa.eu/legal-content/DE/TXT/?uri=URISERV%3Asi0016 (zuletzt aktualisiert am 25.06.2010), zuletzt zugegriffen am 24.04.2017.

Europäische Kommission (2013). Cybersecurity Strategy of the European Union: An Open, Safe and Secure Cyberspace. Brüssel. Verfügbar unter: http://eeas.europa.eu/archives/docs/policies/eu-cyber-security/cybsec_comm_en.pdf, zuletzt zugegriffen am 24.04.2017.

Europäische Kommission (2015). Digital Single Market. Verfügbar unter: https://ec.europa.eu/digital-single-market/en/digital-single-market (zuletzt aktualisiert am 12.01.2017), zuletzt zugegriffen am 28.04.2017.

Europäische Kommission (2017): The Digital Economy and Society Index (DESI). Verfügbar unter: https://ec.europa.eu/digital-single-market/en/desi, zuletzt zugegriffen am 28.04.2017.

Forsythe, M.; Ramzy, A. (2016). China Censors Mentions of 'Panama Papers' Leaks. In: New York Times, 05.04.2016. Verfügbar unter: www.nytimes.com/2016/04/06/world/asia/ china-panama-papers.html?_r=2, zuletzt zugegriffen am 20.07.2017.

Fraunhofer-Gesellschaft (FhG) (2016). Industrial Data Space – Digitale Souveränität über Daten (White Paper). Verfügbar unter: www.fraunhofer.de/content/dam/zv/de/Forschungsfelder/industrial-data-space/Industrial-Data-Space_whitepaper.pdf, zuletzt zugegriffen am 29.05.2017.

Fritz, S. (2017). Alibaba – Digitalisierung made in China. Verfügbar unter: https://stefanfritz. de/alibaba-digitalisierung-made-in-china, zuletzt zugegriffen am 28.04.2017.

Fulbright, N. R. (2015). Cyber security in China. Draft law strengthens regulation of internet and data privacy Juli 2015. Verfügbar unter: www.nortonrosefulbright.com/files/cybersecurity-in-china-130661.PDF, zuletzt zugegriffen am 28.04.2017.

FZI Forschungszentrum Informatik (FZI) (Hrsg.) (2017): Sicheres Identitätsmanagement im Internet. Eine Analyse des ISÆN-Konzepts (Individual perSonal data Auditable addrEss) durch die Smart-Data-Begleitforschung im Auftrag des Bundesministeriums für Wirtschaft und Energie (BMWi). Verfügbar unter: www.digitale-technologien.de/DT/Redaktion/DE/ Downloads/Publikation/smartdata_studie_isaen.pdf;jsessionid=DF7A43747DDA38740F49 0671C8CE78C3?__blob=publicationFile&v=4, zuletzt zugegriffen am 28.04.2017.

Gracie, C. (2014). Alibaba IPO: Chairman Ma's China. In: BBC News, 08.09.2014. Verfügbar unter: www.bbc.com/news/world-asia-china-29119121, zuletzt zugegriffen am 20.07.2017.

Graham, L. (2016). Singapore is leading the way for the digital economy: Study. In: CNBC, 06.07.2016. Verfügbar unter: www.cnbc.com/2016/07/06/singapore-is-leading-the-wayfor-the-digital-economy-study.html, zuletzt zugegriffen am 20.07.2017.

Gueham, F. (2017). Digital Sovereignty – Steps Towards a New System Of Internet Governance. Fondation pour L'Innovation Politique (Hrsg.). Verfügbar unter: www.fondapol. org/wp-content/uploads/2017/02/097-F.GUEHAM_Vang_2017-02-01_1.pdf, zuletzt zugegriffen am 24.04.2017.

Hatton, C. (2015). China 'social credit': Beijing sets up huge system. In: BBC News, 26.10.2015. Verfügbar unter: www.bbc.com/news/world-asia-china-34592186, zuletzt zugegriffen am 29.05.2017.

Huawei (2016). Deutschland und China – Wahrnehmung und Realität. Huawei-Studie 2016. Fokus: Digitalisierung und digitale Innovation. Verfügbar unter: www.huawei-studie.de/ downloads/Huawei-Studie-2016-DE.pdf, zuletzt zugegriffen am 26.04.2017.

Laaf, M.; Schlieter, K. (2016). Digitalisierung von Politik. Vom Start-up zum Staat-up. In: taz. de, 09.12.2016. Verfügbar unter: www.taz.de/!5359317, zuletzt zugegriffen am 20.07.2017.

Lackes, R.; Siepermann, M. (2017). Gabler Wirtschaftslexikon, Stichwort: Cyberspace. Springer Gabler Verlag (Hrsg.). Verfügbar unter: http://wirtschaftslexikon.gabler.de/Archiv/75127/cyberspace-v9.html, zuletzt zugegriffen am 20.07.2017.

Leck, A.; Lim, R. J. (2017a). Proposed Changes to Computer Misuse and Cybersecurity Act. Verfügbar unter: www.bakermckenzie.com/en/insight/publications/2017/03/proposed-changes-to-computer-misuse, zuletzt zugegriffen am 29.04.2017.

Leck, A.; Lim, R. J. (2017b). Singapore Parliament Passes Amendments to Computer Misuse and Cybersecurity Act. Verfügbar unter: www.bakermckenzie.com/en/insight/publications/2017/04/singapore-parliament-passes-amendments, zuletzt zugegriffen am 29.04.2017.

Lepping, J.; Palzkill, M. (2016). Die Chance der digitalen Souveränität. In: Wittpahl, V. (Hrsg.). Digitalisierung. Bildung / Technik / Innovation. iit-Themenband, S. 17–25. Verfügbar unter: www.iit-berlin.de/de/publikationen/digitalisierung, zuletzt zugegriffen am 20.07.2017.

MacFarquhar, N. (2017). Denmark Says 'Key Elements' of Russian Government Hacked Defense Ministry. In: New York Times, 24.04.2017. Verfügbar unter: www.nytimes.com/2017/04/24/world/europe/russia-denmark-hacking-cyberattack-defense-ministry.html?_r=0, zuletzt zugegriffen am 20.07.2017.

Margolin, J. (2016). Russia, China, and the Push for "Digital Sovereignty". IPI Global Observatory (Hrsg.). Verfügbar unter: https://theglobalobservatory.org/2016/12/russia-china-digital-sovereignty-shanghai-cooperation-organization, zuletzt zugegriffen am 12.09.2017.

Matzat, L. (2014). Kommentar: Zur Zukunft der Arbeit hat die Digitale Agenda nichts zu sagen. In: Netzpolitik.org, 25.08.2014. Verfügbar unter: https://netzpolitik.org/2014/kommentar-zur-zukunft-der-arbeit-hat-die-digitale-agenda-nichts-zu-sagen, zuletzt zugegriffen am 29.05.2017.

NPC – The National People's Congress of the People's Repubilc of China (NPC) (2015). wangluo anquan fa (cao an). Verfügbar unter: www.npc.gov.cn/npc/xinwen/lfgz/flca/2015-07/06/content_1940614.htm, zuletzt zugegriffen am 12.09.2017.

ntv (2017a). Digitale Souveränität in Gefahr? IT-Profis warnen vor Microsoft. Verfügbar unter: www.n-tv.de/politik/IT-Profis-warnen-vor-Microsoft-article19786680.html, zuletzt zugegriffen am 29.04.2017.

ntv (2017b). Wikileaks enttarnt CIA-Programm – „Athena" spioniert jedes Windows aus. Verfügbar unter: www.n-tv.de/technik/Athena-spioniert-jedes-Windows-aus-article19853436.html, zuletzt zugegriffen am 29.05.2017.

Orange (2014). the future of digital trust. A European study on the nature of consumer trust and personal data. Verfügbar unter: www.orange.com/en/content/download/21358/412063/version/5/file/Orange+Future+of+Digital+Trust+Report.pdf, zuletzt zugegriffen am 28.04.2017.

Organisation for Economic Co-Operation and Development (OECD) (Hrsg.) (2017). Key Issues For Digital Transformation In the G20. Report prepared for a joint G20 German Presidency

/ OECD conference. Verfügbar unter: www.oecd.org/g20/key-issues-for-digital-transfor-mation-in-the-g20.pdf, zuletzt zugegriffen am 24.04.2017.

Perrit, H. H., JR. (1998). The Internet as a Threat to Sovereignty? Thoughts on the Internet's Role in Strengthening National and Global Governance. In: Indiana Journal of Global Legal Studies, Vol. 5: Iss. 2, Article 4., S. 422–442. Verfügbar unter: www.repository.law. indiana.edu/cgi/viewcontent.cgi?article=1128&context=ijgls, zuletzt zugegriffen am 05.04.2017.

Ronzheimer, M. (2017). Datenschutz in der Industrie: Digitale Souveränität. In: taz.de, 11.11.2016. Verfügbar unter: www.taz.de/!5353390 (zuletzt aktualisiert am 21.05.2017), zuletzt zugegriffen am 29.05.2017.

Sassen, S. (1998). On the Internet and Sovereignty. In: Indiana Journal of Global Legal Studies, Vol. 5: Iss. 2, Article 9, S. 544–559.

Security Week (2016). Estonia's ‚Data Embassy' Could be UK's First Brexit Cyber Casualty, 10.08.2016. Verfügbar unter: www.securityweek.com/estonias-data-embassy-could-be-uks-first-brexit-cyber-casualty, zuletzt zugegriffen am 29.04.2017.

Steiner, F. (2014). Kommentar zur Digitalen Agenda: Leere Phrasen statt politischer Entschei-dungen. In: heise.de, 20.08.2014. Verfügbar unter: www.heise.de/newsticker/meldung/ Kommentar-zur-Digitalen-Agenda-Leere-Phrasen-statt-politischer-Entscheidun-gen-2297601.html, zuletzt zugegriffen am 29.05.2017.

Strittmatter, K. (2017). Schuld und Sühne. In: Süddeutsche.de, 19.05.2017. Verfügbar unter: www.sueddeutsche.de/politik/punkteregime-schuld-und-suehne-1.3514310?reduced=true, zuletzt zugegriffen am 29.05.2017.

tagesschau.de (2017). Digitale Agenda: Schulterklopfen – und weitermachen. Unter Mitarbeit von Ulla Fiebig. In: tagesschau.de. Verfügbar unter: www.tagesschau.de/inland/ digitale-agenda-bilanz-101.html (zuletzt aktualisiert am 27.04.2017), zuletzt zugegriffen am 29.05.2017.

Tagscherer, U.; Christmann-Budian, S. (2013). Country report China. mKETsPL working document, Bd. 2013. Verfügbar unter: http://www.mkpl.eu/uploads/media/mKPL-_coun-try_report_China.pdf, zuletzt zugegriffen am 28.04.2017.

The Government; Local Government Denmark; Danish Regions (2016). A Stronger and More Secure Digital Denmark – Digital Strategy 2016–2020. Verfügbar unter: www.digst.dk/~/ media/Files/English/Ny-strategi-2016-2020/DS_Singlepage_UK_web.pdf, zuletzt zugegrif-fen am 29.04.2017.

United Nations (UN) (2016a). The right to privacy in the digital age. General Assembly, 16 November 2016. Verfügbar unter: https://documents-dds-ny.un.org/doc/UNDOC/LTD/ N16/388/46/PDF/N1638846.pdf?OpenElement, zuletzt zugegriffen am 12.09.2017.

United Nations (UN) (2016b). Guidelines for Consumer Protection. Verfügbar unter: http:// unctad.org/en/PublicationsLibrary/ditccplpmisc2016d1_en.pdf, zuletzt zugegriffen am 25.04.2017.

Wübbeke, J.; Meissner, M.; Zenglein, M. J.; Ives, J.; Conrad, B. (2016). Made in China 2025. The making of a high-tech superpower and consequences for the industrial countries. In: MERICS Papers on China 2016 (2). Verfügbar unter: www.merics.org/fileadmin/user_upload/downloads/China_Flash/161121_Handout_IndustrialInternet_Web.pdf, zuletzt zugegriffen am 29.04.2017.

3.3 Bildung als Voraussetzung digitaler Souveränität

Claudia Loroff, Ina Lindow, Michael Schubert

Soziodigitale Souveränität setzt Kompetenzen auf individueller Ebene voraus. Der vorliegende Beitrag zeigt auf, dass die drei aktivierenden Lehr-Lernformen des problem- und projektbasierten Lernens, des forschungs- sowie des arbeits- basierten Lernens den Erwerb dieser Kompetenzen unterstützen können – vor allem dann, wenn digitale Medien einbezogen werden.

Für die unterschiedlichen Bildungsbereiche – die schulische und berufliche Bildung, die Hochschulbildung sowie die Weiterbildung – setzt die umfängliche und konse- quente Umsetzung der drei Lehr-Lernformen unter Nutzung digitaler Medien ver- schiedene Neujustierungen voraus. Dabei steht das Bildungssystem insgesamt vor der Herausforderung, individuelle Lernwege zuzulassen und gleichzeitig Brüche auf Kompetenzebene und medialer Ebene zu vermeiden. Besonders wichtig sind dabei Lernarrangements, die die Kompetenzentwicklung durch unmittelbare Erfahrung erlauben.

Neue Anforderungen an Kompetenzen erfordern weitreichende Veränderungen unseres Bildungssystems

Soziodigitale Souveränität basiert auf vier Elementen (Stubbe 2017):

1. Kompetent durch Erfahrungen

2. Das große Ganze mitgestalten

3. Selbstbestimmung in der Datenwelt

4. Identität verantwortungsbewusst entfalten

Das erste Element betrifft besonders das Bildungssystem. Statt der Vermittlung von Faktenwissen wird im Kontext soziodigitaler Souveränität vor allem das erfahrungs- basierte Lernen in den Vordergrund gestellt.

Gleichzeitig führen stetig neue Möglichkeiten digitalen Wirkens im Zeitalter von Industrie 4.0 und Arbeit 4.0 zu einem fundamentalen und massiven Wandel in vielen Branchen: Die Märkte sind global, die Produktion wird passgenau auf die Kundenbe- dürfnisse ausgerichtet, Angebot und Nachfrage werden per Internet ausgehandelt, autarke Produktionseinheiten kommunizieren in der Fabrikhalle untereinander und

Produktionsprozesse werden ad hoc neugestaltet. Und in der Wissenschaft bieten immer umfangreicher zur Verfügung stehende Daten – kreativ kombiniert und ausgewertet – gänzlich neue Wege der Wissensgenerierung. Neue Forschungsfragen entstehen und verändern ganze Wissenschaftsbereiche. Zudem wird zunehmend in weltweiten Forschungsverbünden kooperiert, ohne dass sich die Beteiligten überhaupt je einmal persönlich getroffen haben müssten, und die Forschungsergebnisse werden online publiziert.

Um in dieser neuen digitalen Welt der Souverän zu sein, müssen dazu nötige Handlungskompetenzen auf der individuellen Ebene entwickelt, gefördert und deren Herausbildung in den Institutionen der Bildung unterstützt werden. Was ist also zu tun? Wirtschaft und Wissenschaft fordern eine stärkere Ausrichtung der Bildung auf Kompetenzen der Problemlösung, der Planung und Ordnung, wissenschaftliches Denken und Kreativität, die Fähigkeit zur Analyse und Kommunikation, starkes Verständnis von Medien und Technologien sowie die Kompetenz, in interdisziplinären Teams strukturiert und effizient zu arbeiten. Erkennbar wird, dass die digitale Souveränität in dieser neuen Welt maßgeblich auf dem folgenden Element beruht: zuvorderst auf Erfahrungen. Nur auf dieser Basis kann das Individuum am großen Ganzen mitgestalten, Selbstbestimmung in der Datenwelt erreichen und seine Identität verantwortungsbewusst entfalten. Das macht eine Neuausrichtung des Bildungssystems erforderlich.

An dem neuen Spektrum dieser Anforderungen hat die Abrufbarkeit klassischen Faktenwissens nur einen untergeordneten Anteil. Aneignen lassen sich die postulierten neuen Kompetenzprofile denn auch weniger auf althergebrachte Weise, sondern maßgeblich durch Lehr- und Lernmethoden, welche die Lernenden aktiv auffordern, sich in unterschiedliche Probleme und Forschungsbereiche hineinzudenken. Zu ihnen gehören vermehrt Lernformen, die auf Erfahrungen beruhen, wie das problem- und projektbasierte Lernen sowie ein forschungs- und arbeitsbasiertes Lernen in der Praxis.

Problembasiertes Lernen kann Lernende befähigen, deklaratives Faktenwissen und prozedurales Handlungswissen auf Alltagsprobleme anzuwenden. Prozesse der Problemlösung werden entsprechend in authentische Problemstellungen eingebettet (Merriënboer und Sweller 2005). Dabei werden Lernende wahlweise mit Schwierigkeiten konfrontiert, die entweder eine klare Lösung erfordern, oder mit solchen, die verschiedene Lösungsansätze und Perspektiven beinhalten (Jonassen 1997). In beiden Fällen erwerben Schüler oder Studierende an den Hochschulen ausgesprochene Problemlösefähigkeiten: analytische Fertigkeiten, Kompetenzen in der Planung und Steuerung von Prozessen, kreatives Geschick sowie Fähigkeiten der Lösungsimplementierung. Im Lernfeld zu lösende Probleme können dabei auch im Digitalen angesiedelt sein – dem Internet, in virtuellen Räumen oder in einer von digitalen Informationsangeboten überlagerten Realität (Augmented Reality). Lernende werden hierbei aufgefordert, Kompetenzen der Informationsrecherche und -validierung sowie digitale, mediale und technologische Lösungsansätze zu formulieren, zu programmieren oder zu entwerfen. Darüber hinaus müssen Lernende beim problembasierten Lernen häufig in Teams zusammenarbeiten und entwickeln dabei weitere kommunikative und soziale Fähigkeiten anhand von Kooperations-, Diskussions- und Aushandlungsprozessen unterschiedlicher Rollen oder Meinungen.

Der Fokus des *forschungsbasierten Lernens* liegt demgegenüber auf der Verschränkung theoretischer und praktischer Aspekte des Erkenntnisprozesses. „Forschendes Lernen zeichnet sich dadurch aus, dass Lernende den Prozess eines Forschungsvorhabens […] von der Entwicklung der Fragen und Hypothesen über die Wahl und Ausführung der Methoden bis zur Prüfung und Darstellung der Ergebnisse in selbstständiger Arbeit oder in aktiver Mitarbeit […] gestalten, erfahren und reflektieren." (Huber 2009, S. 11) Viele Forschungsfragen, insbesondere in den MINT-Fächern (Mathematik, Informatik, Naturwissenschaft und Technik), fordern die Lernenden auf, sich technologische und programmiertechnische Kenntnisse zu erarbeiten, auch etwa hinsichtlich eines auszugestaltenden Versuchsaufbaus und dessen Durchführung sowie der Datenerhebung und -auswertung. Dabei gewinnen die Lernenden nicht nur wissenschaftlich-technologische Handlungskompetenzen im Medienbereich, sondern entwickeln während der Bearbeitung von Forschungsfragen auch, ähnlich wie beim problembasierten Lernen, eine starke Eigenständigkeit sowie emotionale und soziale Kompetenzen im Team.

Im Rahmen des *arbeitsbasierten Lernens* sollen Arbeitsprozesse als Lernchancen wahrgenommen und genutzt werden. Lernende identifizieren, behandeln und reflektieren hierbei also symptomatische Problemstellungen in der Arbeitswelt. Erworbenes theoretisches Faktenwissen wird dabei direkt in die Praxis übertragen und am Arbeitsplatz angewendet. In der Ausbildung ebenso wie auch in der Weiterbildung bearbeiten Lernende dabei häufig ein relevantes lernhaltiges Projekt im realen betrieblichen Kontext. Ein solches Projekt bereiten die Lernenden in der Regel selbst vor, planen es, führen es durch bzw. implementieren es und werten es aus. Hierdurch sollen sie alltägliche Arbeitsprozesse, explizites Wissen in implizites Anwendungswissen überführen. Methodische Kompetenzen in Hinblick auf die Konzipierung, Durchführung und Auswertung realer Projekte aus dem Arbeitskontext stehen dabei im Fokus. Da digitale Medien, Werkzeuge und Systeme in der heutigen Arbeitswelt kaum noch wegzudenken sind, werden sie im arbeitsbasierten Lernen automatisch zum festen Lerngegenstand und fordern Lernende heraus, sich aktiv mit ihnen auseinanderzusetzen. Somit werden vor allem praktische Kompetenzen im Umgang mit digitalen Arbeitsumgebungen systematisch gestärkt. Ausbildende und auch Mentoren begleiten und unterstützen solche arbeitsbasierten Lernprozesse.

Die umfängliche und konsequente Umsetzung dieser drei Lehr- und Lernformen setzt über alle Bildungsbereiche hinweg weitreichende Modifikationen institutionellen Lehrens und Lernens voraus. Diese Modifikationen lassen sich wie folgt zusammenfassen:

1. Ein Verständnis der Lehrenden von ihrer Rolle und Funktion, das weniger auf die Vermittlung von klar definierten und fixierten Wissensbeständen setzt, denn diese können leicht im digitalen Raum vorgehalten werden. Stattdessen steht künftig die Begleitung und Unterstützung der Lernenden in der Auseinandersetzung mit lebensnahen, authentischen Frage- und Problemstellungen im Vordergrund. Dieses Rollenverständnis umfasst auch die Bereitschaft zur stetigen professionellen, interdisziplinären Weiterentwicklung in Lehr- und Lerngemeinschaften sowie die kooperative Planung und Gestaltung von Lerneinheiten unter Einbezug verschiedener Akteure innerhalb und außerhalb der jeweiligen Bildungsinstitution. Als Ergebnis dieses Orientierungsprozesses wird sich eine neue Lehrkultur in den Bildungsinstitutionen etablieren.

2. Eine Haltung der Lernenden, die das passive Rezipieren von Wissensinhalten und die bedenkenlose Übernahme scheinbar gesicherter und einfacher Wahrheiten ablehnt und stattdessen die Bereitschaft zu einem selbstbestimmten, planvollen und kritisch-hinterfragenden Lernen umfasst. Die Entwicklung dieser Haltung ist frühzeitig anzuregen, über die Bildungsbiografie aufrechtzuerhalten und zu stärken. Die Verantwortung für den eigenen Lernprozess nimmt hierbei stetig zu. Analog zum modifizierten Lehrverständnis steht diese veränderte Haltung und Rolle von Lernenden für eine neue Lernkultur.

3. Ein Bekenntnis zur Organisationsentwicklung, das – analog zu den veränderten Anforderungen an Lehrende und Lernende – zu planvollem und strategischem Handeln herausfordert, kooperativ ausgerichtet ist und Synergien zwischen verschiedenen Akteuren herstellen und nutzen kann sowie auf einem Selbstverständnis gründet, das die Institution als lernende Organisation anerkennt und somit Ausdruck einer institutionellen Lernkultur ist. Gegenwärtig erscheint vor allem eine Erweiterung traditioneller Rollen und Funktionen in den einzelnen Bildungseinrichtungen notwendig: Hardware und Software beispielsweise müssen zu bestimmten Zeitpunkten und in einer bestimmten Form Lernangebote in einem bestimmten Umfang, in definierter Größe und Qualität bereitstellen. Dabei muss auch geregelt sein, welche Lernangebote wann im Prozess benötigt werden, wer Zugriff auf diese Angebote hat, Veränderungen vornehmen darf oder soll und wer im Störungsfall Hilfe leisten kann.

4. Die Öffnung von Bildungsbereichen und das Zulassen individueller Bildungsbiografien. Den einzelnen Bildungsinstitutionen muss hierzu mehr Offenheit und Autonomie bei der Einbindung von Lernenden, aber auch bei der Gestaltung und

Bescheinigung von Lerninhalten gewährt werden. In Abhängigkeit vom Bildungs-
bereich kann diese Modifikation dazu führen, dass erst im Nachhinein festgestellt
und bescheinigt wird, was gelernt wurde.

5. Die konsequente Einbindung des Digitalen in die vorhandenen Bildungsumwel-
   ten. Digitale Lernwerkzeuge und Lernkonzepte müssen überall dort eingesetzt
   werden, wo sie den Lernenden einen qualitativen Mehrwert bieten, Bildungs-
   chancen öffnen und eine Teilhabe ermöglichen. Medien und Technologien müssen aber auch selbst Gegenstand von Lerninhalten werden, um Lernende zu
   befähigen, als mündige Bürger innerhalb ihres digitalen Raums heranzuwachsen.

Wie die Lehr-Lernformen des problem- und projektbasierten Lernens sowie des for-
schungs- und arbeitsbasierten Lernens in den einzelnen Bildungsbereichen funktionieren und wie sich ihre Potenziale durch die Nutzung von digitalisierten Lernange-
boten noch besser heben lassen, wird im Folgenden dargelegt und diskutiert. Die
einzelnen Kapitel gehen hierbei auf die unterschiedlichen Entwicklungsstände der
einzelnen Bildungsbereiche in Hinblick auf die Implementation der Lehr-Lernformen
und die Nutzung digitaler Technik ein.

Schulische Bildung

Begründung für eine neue Lehr-Lernkultur

Für den Erwerb von Kompetenzen, die nicht ausschließlich dem Duktus traditionell
definierter Unterrichtsfächer unterliegen und die Mündigkeit der Lernenden zur Prämisse haben, erscheint im schulischen Kontext vor allem das forschungsbasierte Lernen bedeutsam. Die Deutsche Kinder- und Jugendstiftung stellt für das forschungsbasierte Lernen in der Schule fünf Gründe heraus (DKJS):

- Erstens: Die Schülerinnen und Schüler können das Lernen lernen; sie werden so
  dazu befähigt, ihr Wissen lebenslang selbstständig zu erweitern.

- Zweitens: Forschungsbasiertes Lernen ist individualisiertes Lernen, das Kindern
  und Jugendlichen Verantwortung und Gestaltungsraum für ihre Lernprozesse
  ermöglicht.

- Drittens: Indem die eigenen Ideen und Lösungswege in den Mittelpunkt rücken,
  erfahren die Lernenden, dass sie etwas können; sie erleben Selbstwirksamkeit.

- Viertens: Forschungsbasiertes Lernen fördert die Kommunikations- und Teamfähigkeit; gemeinsames gegenstands- und zielorientiertes Überlegen und Diskutie-
  ren in der Gruppe wird zu einer Gelingensbedingung von Lernhandeln.

- Fünftens: Forschungsbasiertes Lernen verbindet Schule mit der Lebenswelt der
  Schülerinnen und Schüler; die Lerninhalte werden spannend und erfahrbar und

ermöglichen vielfältige Bezüge zu anderen Fächern, zu anderen Themenbereichen und nicht zuletzt zur Berufswelt.

Von anderen Bildungsbereichen unterscheidet sich das forschungsbasierte Lernen in der Schule insbesondere dadurch, dass die gewonnen Erkenntnisse in der Regel objektiv schon bekannt sind. Das macht die Lehr-Lernform für den Kompetenzerwerb der Kinder und Jugendlichen nicht weniger bedeutsam. Ganz im Gegenteil. Forschungsbasiertes Lernen fordert die Schüler heraus und ermöglicht es ihnen zugleich, eigene Fragen zu stellen und zielgerichtet sowie eigenständig nach Lösungen zu suchen. Die Lernenden sind angehalten, Dinge und Sachverhalte zu hinterfragen, den Willen zu entwickeln, durch Untersuchen und Nachforschen eigenständig und planmäßig nach Antworten zu suchen und schließlich ihre Erkenntnisse zu überprüfen sowie für andere nachvollziehbar zu machen (Messner 2009, S. 22). Die Wissenschaftsorientierung nimmt dabei mit steigendem Alter der Schülerinnen und Schüler stetig zu; sie gipfelt im wissenschaftspropädeutischen Unterricht der Sekundarstufe II.

Die Kompetenzen, die Schüler hierbei entwickeln, stimmen mit den Anforderungen überein, die für digitale Souveränität entscheidend sind: Probleme erkennen und (kreativ) lösen, Eigeninitiative entwickeln und aufrecht erhalten, sich in offenen, unüberschaubaren, komplexen und dynamischen Situationen selbstorganisiert zurechtfinden. Damit bedingt und fördert forschungsbasiertes Lernen in der Schule die Etablierung einer Lehr-Lernkultur, die Kinder und Jugendliche früh an wissenschaftliche Fragen und Methoden heranführt und der Ausbildung von fachlichen wie überfachlichen Methodenkompetenzen und dem Erwerb von Sozial- und Selbstkompetenz einen größeren Wert beimisst als die ausschließliche Anhäufung tradierter Wissensbestände. Digitale Medien wie Blogs, Chat-Tools, Sharing-Plattformen und Online-Literaturdatenbanken können die Entwicklung einer derartigen Lehr-Lernkultur unterstützen: Sie bieten die Möglichkeit, Lehr-Lernräume weiter auszudehnen und Lehr-Lernprozesse räumlich wie zeitlich zu flexibilisieren und zu dezentralisieren (vgl. Kergel und Heidkamp 2015, S. 73).

Der konsequente Einbezug digitaler Medien wirkt darüber hinaus auch auf einer zweiten Ebene: Er ermöglicht es den Lernenden, sich einen souveränen und mündigen Umgang mit digitaler Technik anzueignen. Damit schafft er für Schüler eine wichtige Grundlage, sich in einer zunehmend digitalisierten Welt – sei es im beruflichen wie im privaten Kontext – künftig zurechtfinden zu können.

Institution Schule neu gedacht

Erfolgt forschungsbasiertes Lernen unter Einsatz digitaler Medien wie Lernplattformen und den dazugehörigen Werkzeugen, den Lerntools, öffnen sich neue Räume. Das klassische Bild einer dozierenden Lehrperson und passiv rezipierender Schüler verschwindet. Gleichzeitig machen Lern- und Forschungsszenarien, zu denen sich Gruppen von Lernenden zusammenfinden, Räume notwendig, die einen Rückzug gestatten, kreative Denk- und Austauschprozesse zulassen und dann wieder eine Präsentation der Erkenntnisse und Ergebnisse und ihre Würdigung ermöglichen. Diese Räume arrangieren ein Verschmelzen der virtuellen und realen Welt, wodurch die Bearbeitung von Fragestellungen durch Schüler nicht an die physischen Grenzen des Schulgebäudes stößt, sondern sich weit über diese hinaus erstrecken kann. Die Formulierung komplexer und lebensnaher Fragestellungen führt außerdem dazu, dass sich Fachgrenzen auflösen oder zumindest eine Reorganisation erfahren. Lehrende wie Lernende erhalten in diesen Räumen ein hohes Maß an Gestaltungsspielraum.

Diese Änderungen auf der Ebene der Einzelschulen setzen eine Schule voraus, die durch ein hohes Maß an Autonomie flexibel und bedarfsgerecht auf die Anforderungen und Auswirkungen des digitalen Wandels in der Gestaltung von Lehr-Lernprozessen reagieren kann. Bedenkt man, dass bisherige Reformen im Schulbereich vor allem Top Down – also von oben nach unten – initiiert und aus Sicht vieler Betroffener sehr schlagartig und unvermittelt umgesetzt werden mussten und deshalb teilweise nur unter großen Reibungsverlusten Eingang in den schulischen Alltag fanden, erscheint ein umfassendes Change Management notwendig. Für derart tiefgreifende Veränderungen, wie sie digital gestütztes, forschendes Lernen mit sich bringt, sind alle Betroffenen einzubeziehen. Sie müssen bei ihrer Arbeit begleitet, qualifiziert und unterstützt werden. Den Schulen muss Schritt für Schritt mehr Autonomie und Gestaltungsraum, auch finanzieller Art, eingeräumt werden. Und bei allen Akteuren muss nachhaltig ein Bewusstsein dafür geschaffen werden, dass Schule eine lernende Organisation sein muss.

Neue Rollen für Lernende und Lehrende

Die Lehrenden stellt digital gestütztes, forschendes Lernen vor didaktische und methodische Herausforderungen. Neu ist das Agieren in professionellen Lehr- und Lerngemeinschaften zur gemeinsamen und arbeitsteiligen Planung und Gestaltung von Lehr-Lernprozessen sowie zum Austausch und zur gemeinsamen Reflexion etwa über die individuellen Lernfortschritte der Schüler und Fragen der Leistungsbeurteilung. Da die Bearbeitung lebensnaher und offener Fragestellungen, die forschungsbasiertes Lernen kennzeichnet, in der Regel über die Grenzen eines Faches hinausgeht, sind auch die Lehrenden angehalten, über traditionelle Fächergrenzen hinweg zusammenzuarbeiten und zugleich einen Bezug zwischen Lerninhalten einzelner Fächer durch die Schüler nicht nur zu ermöglichen, sondern auch zu initiieren.

Nicht weniger komplex sind die Auswirkungen des digital gestützten, forschungsbasierten Lernens auf die einzelnen Kinder und Jugendlichen – in ihrer Rolle als Lernende werden sie gestärkt und gefordert zugleich:

- Gestärkt, weil sie freier agieren können; gefordert, weil mit dieser Freiheit auch ein höheres Maß an Selbstregulation und Verantwortung für den eigenen Lernprozess einhergeht.

- Gestärkt, weil sie bei der Bearbeitung von Frage- und Problemstellungen eigenständig Zusammenhänge herstellen und Problemlösungen finden dürfen; gefordert, weil eben dies auch anstrengend ist und die Erweiterung von Möglichkeiten immer auch die Herausforderung einschließt, mit Widersprüchen und Unsicherheiten umgehen zu müssen.

Hierbei ändert sich auch die Rolle der Lehrenden. Anerkennend, dass Lernen eine soziale Konstruktionsleistung und Wissen veränderbar bzw. kontextabhängig ist, wird die Lehrperson vielfach zum Impulsgeber, Berater und Begleiter.

Allerdings kommen Lehrende auch weiterhin nicht umhin zu bewerten. Spätestens in diesem Punkt stößt die emanzipative Selbstbestimmung der Schüler an Grenzen. Das heißt jedoch nicht, dass nicht auch die schulische Leistungsbewertung eine Veränderung erfahren kann. Leistungen forschenden Lernens ließen sich, insbesondere wenn sie digital erbracht wurden, beispielsweise mithilfe von E-Portfolios auch formativ erfassen (Kergel und Heidkamp 2015, S. 73). Lernfortschritte könnten auf diese Weise für die Lehrenden wie für die Lernenden selbst sichtbar gemacht und zugleich gewürdigt werden. Darüber hinaus wären Hinweise und Impulse für die weitere Lehr-Lernprozessgestaltung transparent und nachvollziehbar generiert. Der Schule inhärente Widerspruch, Lernende zu Selbstständigkeit und Unabhängigkeit zu erziehen, obgleich sie sich in Abhängigkeit von der unterrichtenden und bewertenden Lehrperson befinden, lässt sich durch digital gestütztes forschendes Lernen demnach nicht vollständig auflösen, wohl aber erheblich relativieren.

Berufliche Bildung

Mit der Digitalisierung werden technologische Neuerungen, neue Geschäftsideen, digitale Wertschöpfungsketten, Globalisierung und Internationalisierung verbunden. Digitalisierung ist dabei „Enabler" und „Disruptor" zugleich: Nicht nur Prozesse, sondern ganze Systeme verändern sich oder entstehen neu. Entsprechend muss in Hinblick auf digitale Souveränität allem voran die Vermittlung von planungs- und prozessorientiertem, systemischem und domänenübergreifendem Denken im Mittelpunkt stehen. Das geht aber nur, wenn Problemlösekompetenzen, Planungs- und Organisationskompetenzen, Kreativität, Analysekompetenzen, Kommunikationskompetenzen, Teamfähigkeit und Medienkompetenz konsequent in der Berufsbildung gefördert werden.

So beschreibt das Bundesinstitut für Berufsbildung (BIBB) in seinem Beitrag „Industrie 4.0 und ihre Auswirkung auf die Arbeitswelt", dass Arbeit von dem Einzelnen flexibel, eigenständig und vor allem zunehmend projektorientiert zu leisten sei. Neben fachlichen Kompetenzen gehe es um grundlegende „21st-Century-Skills" wie die Fähigkeit zu virtueller Zusammenarbeit in Teams, die sich aus unterschiedlichen Verantwortlichkeiten und Experten zusammensetzen. Deshalb müssen heutige Mitarbeitende dazu in der Lage sein, ihr Wissen selbstständig und bedarfsorientiert – auch am Ort des Handelns – zu erwerben. Digitale Medien spielen hierbei eine wichtige Rolle. In der Erstausbildung sieht das BIBB für die Qualität und Attraktivität der Lehr- und Lernprozesse in den Betrieben in erster Linie das Ausbildungspersonal verantwortlich. Von seiner berufs- und medienpädagogischen Kompetenz hänge es ab, inwiefern dann die Anforderungen der Digitalisierung zeitgemäß in handlungsorientierte Bildungskonzepte übertragen werden können. Zugleich müssen auch die Bildungspläne der Berufsschulen mit Blick auf die neuen Herausforderungen rund um die Themenfelder Internet der Dinge, Wissensmanagement, smarte Produkte und E-Commerce – lernortübergreifend verzahnt – mit den Ausbildungsbetrieben überarbeitet werden (siehe hierzu BIBB).

Ausbildung steht traditionell dem arbeits- und problembasierten Lernen nah

In der beruflichen Bildung wurde und wird traditionell schon immer die Arbeit als Lernfeld systematisch genutzt. Modernisierte Ausbildungsordnungen[16] und neue Ausbildungsberufe orientieren sich an einem sich ständig verändernden Bedarf am Ausbildungsort und versuchen, diesen flexibel in die Curricula einzubinden. Jedoch gibt es noch immer eine starke Differenz zwischen dem, was in den Ausbildungsbetrieben stattfindet, und dem, was im Unterricht der Berufsschule vermittelt wird. So setzt die Berufsschule beispielsweise noch immer stark auf das Aneinanderreihen von Grundlagen und Lehrgängen, die dann in einer Prüfungsvorbereitung münden. Auszubildende müssen jedoch frühzeitig eine Einbindung in die systemischen Prozesse einer digitalisierten Arbeitswelt erfahren, damit sie die sehr komplexen, oft systemübergreifenden Arbeitsprozesse verstehen und in ihnen agieren können (vgl. Odendahl 2017).

Integration der Systemkomponente in die Ausbildung bringt neue Qualität

Die Forderung nach lernortübergreifenden und mit Ausbildungsbetrieben verzahnten Bildungsplänen muss um die oben beschriebene Systemkomponente erweitert

---

[16] *Das Bundesinstitut für Berufsbildung (BIBB) hat seit 2003 insgesamt 243 Ausbildungsordnungen überarbeitet und an die aktuellen wirtschaftlichen, technologischen und gesellschaftlichen Anforderungen angepasst. Hier wurden 206 Ausbildungsordnungen modernisiert und 37 Ausbildungsberufe neu geschaffen, weitere Überarbeitungen laufen (Verfügbar unter: www.bibb.de/de/pressemitteilung_50710.php, zuletzt zugegriffen am 26.07.2017).*

werden. Welche Auswirkungen die Berücksichtigung der Systemkomponente für Berufsbilder hat, ob hier der Trend zu höherer Spezialisierung oder eher zu Generalisten geht, ist derzeit noch nicht absehbar. Didaktisch lässt sich die zu integrierenden Systemkomponente in der Ausbildung begegnen, indem der Arbeitskontext selbst als Lerngegenstand genutzt wird. Genau hier setzen problem- und arbeitsbasiertes Lernen an: Die Auszubildenden begeben sich in die Systeme, definieren, planen und bearbeiten Projekte und reflektieren lernend ihre Arbeit. Ausbildenden und Lehrenden an Berufsschulen obliegt es hierbei, die Auszubildenden in diesen Prozessen zu begleiten, zu unterstützen und mit ihnen gemeinsam das Gelernte zu reflektieren. Freiräume hierfür lassen sich dadurch gewinnen, dass die reine Wissensvermittlung auf das Nötigste reduziert und durch digital bereitgestellte und individuell abrufbare Lernmodule oder durch Recherchen im Internet begleitet wird. Die reine Wissensvermittlung wird aufgrund der Verfügbarkeit von Informationen und ihrer oftmals geringeren Halbwertszeit künftig ohnehin eine immer kleinere Rolle einnehmen.

Die Integration der Systemkomponente in die Ausbildung unterstützt auf diese Weise maßgeblich die Vermittlung eines system- und domänenübergreifenden Denkens. Das bereits traditionell verankerte Lernen am Ausbildungsort erfährt so über die verschiedenen Bildungsorte hinweg eine neue Qualität.

Digitalisierung bietet vielfältige Möglichkeiten, die Prozesse zu unterstützen, wie etwa

- durch Konzepte des „Flipped Classroom"[17] oder durch virtuelle Labore zum Ausprobieren,

- durch die Verbindung von Auszubildenden und Ausbildenden zur fortwährenden Aktualisierung der Anforderungen der realen Arbeitskontexte und zur Abstimmung der Projektarbeiten sowie der Online-Unterstützung von Gruppenarbeit. Hierbei können auch voneinander weit entfernte Auszubildende gemeinsam ein Thema bearbeiten und dabei betreut werden. Und schließlich

- dadurch, dass auf Ressourcen örtlich entfernter Ausbildungsstätten digital zugegriffen werden kann – sei es auf Inhalte, auf einen 3D-Drucker oder CNC-Fräsmaschinen.

---

[17] *Der Begriff „Flipped Classroom" bezeichnet eine Unterrichtsmethode, in der die Lerninhalte durch die Schülerinnen und Schüler zu Hause erarbeitet werden und die Anwendung des Gelernten in der Schule stattfindet.*

Durch Digitalisierung lässt sich Ausbildung völlig neu denken

Wie Digitalisierung es ermöglicht, Ausbildung neu zu denken, wird im Folgenden am Beispiel von Ausbildungsverbünden sowie überbetrieblichen Bildungsstätten[18] exemplarisch vorgestellt.

Ausbildungskooperationen erfolgen meist dann, wenn ein Ausbildungsort nicht alle für eine Ausbildung nötigen Kompetenzen vermitteln kann. Bisher mussten Ausbildungsstätten hierfür nah beieinander liegen. Durch Digitalisierung kann nun eine Ausbildung im Verbund auch solche Ausbildungsstätten zusammenführen, die weit voneinander entfernt sind. Dabei verändert sich der Fokus der Ausbildungskooperation. Ging es bisher vor allem darum, die Partner so zusammenzustellen, dass alle Ausbildungsinhalte vermittelt werden konnten (Defizitdenken), kann eine Ausbildungskooperation mittels Digitalisierung und mobilem Arbeiten nun so gestaltet werden, dass nur Akteure beteiligt sind, die am besten zur Bearbeitung eines Ausbildungsprojekts – im Sinne des problembasierten Lernens – geeignet sind. Das bedeutet, einen qualitativen Sprung nach oben vollziehen zu können.

Es wäre auch denkbar, dass Auszubildende im Rahmen einer Problemlösung auf eine Ausbildungsstätte in einem Netzwerk zugreifen, die eigentlich gar nicht vorgesehen war, aber optimal bei der Problemlösung unterstützen kann, sofern relevante Informationen zum Beispiel über eine Plattform digital verfügbar sind und hinsichtlich Zugang, Qualität, Anerkennung oder auch Anrechnung definierte Kooperationsbeziehungen bestehen. Ähnliches kann für Berufsschulen und überbetriebliche Berufsbildungsstätten gelten. Zudem ist es denkbar, dass Ausbildungsverbünde sich künftig durch die Integration etwa von Zulieferern oder kooperierenden Forschungseinrichtungen in die Ausbildung an bestehenden Systemen orientieren, um das Systemverständnis und domänenübergreifendes Denken zu fördern.

---

[18] *Überbetriebliche Berufsbildungsstätten (ÜBS) ergänzen die betriebliche Ausbildung in vielen Branchen durch praxisnahe Lehrgänge, insbesondere wenn KMU nicht alle notwendigen Ausbildungsinhalte selbst vermitteln können. ÜBS sollen zu Kompetenzzentren weiterentwickelt werden. Hier ordnet sich auch das Sonderprogramm „ÜBS-Digitalisierung" ein: Das Bundesinstitut für Berufsbildung (BIBB) unterstützt die ÜBS dabei, ihre Qualifizierungsangebote so anzupassen, dass KMU den größtmöglichen Nutzen aus der Digitalisierung ziehen können (Verfügbar unter: www.bibb.de/uebs-digitalisierung, zuletzt zugegriffen am 26.07.2017).*

Akademische Bildung

Forschungsbasiertes wie auch problembasiertes Lernen erfährt in den vergangenen Jahren eine zunehmende Bedeutung im tertiären Bildungssektor. In Hinblick auf die im Kontext digitaler Souveränität bedeutsamen Kompetenzanforderungen bedarf es bereits in den ersten Studienjahren an Fachhochschulen und Universitäten stetig größer werdender Experimentier- und Problemlöseräume, in denen Studierende die Chance erhalten, Verantwortung für ihr wissenschaftliches, problemlösendes und kreatives Denken und Handeln zu übernehmen. Hochschulleitende wie Hochschullehrende sind hierbei aufgefordert, durch entsprechende organisatorische und strukturelle Veränderungen, diesen Anforderungen gerecht zu werden, eine engere Verzahnung von Lehre, Forschung, Wissenstransfer und Praxis zu ermöglichen sowie passende Lehr- und Prüfungsszenarien zu entwickeln. Um Qualitäts- und Effizienzziele in der Lehre zu erreichen sowie die akademischen Medienkompetenzen der Studierenden zu stärken, sind digitale forschungs- und problembasierte Lehr- und Lernmethoden mit technologisch-medialen Inhalten ein vielversprechender Ansatz.

Aufbauend auf den bereits erworbenen schulischen Kompetenzen hat forschungsbasiertes Lernen an Hochschulen zum Ziel, Studierende an aktuelle Forschungsthemen und wissenschaftliches Arbeiten im Kontext fachlich prägender Theorien heranzuführen. Aktuelle wissenschaftliche Themen und praktische Forschung können so miteinander verbunden werden. Problembasiertes Lernen an Hochschulen soll Studierende an aktuelle, vor allem technische Entwicklungen heranführen und dabei neueste Innovationen und Erkenntnisse mit praktischen Fragestellungen verbinden. Beiden Lehr- und Lernformen ist gemein, dass sie, im Gegensatz zu Anwendungsszenarien in Schule und Berufsschule, einen starken Fokus auf neue Forschungsfragen und Probleme mit hohen Innovationspotenzialen setzen. Sind zu erforschende Erkenntnisse und zu erreichende Lösungen in Schulen und Berufsschulen oftmals objektiv im Vorfeld bekannt, sollen sich Studierende mit ansteigender Semesterzahl zunehmend mit genuin neuen Forschungs- und Problemgegenständen beschäftigen. Dadurch erwerben Studierende eine grundlegende, im akademischen Kontext wichtige Kompetenz: das Aushalten und Aushandeln von multiplen Perspektiven, von Unsicherheit und Komplexität. Auf der Ebene der Kommunikationskompetenzen werden Studierendengruppen dadurch in komplexe Situationen gebracht, die ein hohes Maß an argumentativen sowie objektiven Entscheidungsfähigkeiten in ihrer Kooperation und Arbeitsteilung erfordern.

Sind Forschungs- und Problemgegenstände mit Unsicherheit und multiplen Perspektiven behaftet, bedeutet dies auch, dass technologische Umgebungen und mediale Werkzeuge unbekannt sind, mitunter aber überhaupt noch nicht entwickelt wurden. Studierende sind hierbei aufgefordert, proaktiv nach neuen Technologien und Werkzeugen zu suchen, diese sinnvoll zu evaluieren und einzusetzen, sodass sie ihre Forschungsvorhaben und Problemstellungen bewältigen können.

Das Heben von Wissenspotenzialen auf allen Hochschulebenen

Forschungs- und problembasierte Lehr- und Lernformen sind an den Hochschulen nicht gänzlich unbekannt. Besonders an Fachhochschulen, die traditionell stärker anwendungsorientierte und berufsbildende Studiengänge anbieten und enger mit der Wirtschaft verknüpft sind, sind problem- und projektbasierte Lehrformen kein Neuland. Aber auch an Universitäten wird das forschungs- und problembasierte Lernen bereits eingesetzt, allerdings nur zu geringen Anteilen. Widerstände aus den etablierten Fakultäten sind hier allerorts spürbar. Es bedarf deswegen großer Anstrengungen, die einzelnen Akteure – die Hochschulleitungen, Fakultätsleitungen, Lehrenden und Lernenden – von den Vorteilen dieser Lehr- und Lernformen zu überzeugen. Die Umsetzung forschungs- und problembasierten Lehrens bedeutet im Kern die Chance für Hochschulen, theoretisch geleitete Lehre, Forschung, Wissenstransfer und Praxis stärker miteinander zu verzahnen. Ist eine Hochschule gewillt, diese vier Handlungsfelder systematisch miteinander zu kombinieren, ließen sich größere Innovationspozentiale schöpfen und auf gesellschaftliche Forderungen besser eingehen. Dafür bedarf es eines Umdenkens auf höchster Hochschulebene: Hochschulleitungen müssen geeignete Strategien und ein Change Management implementieren, das ein ganzheitliches, wissenschaftliches und lösungsorientiertes Denken in den Fokus rückt. Hier kann es, auch ganz unabhängig von Digitalisierungsaspekten, zu einer starken Profilbildung für die Hochschulen kommen.

Lernbegleiter und Studierende – eine gute Forschergemeinschaft

Für die Lehrenden bedeutet die Umstellung der Lehr- und Lernmethoden eine Umstellung ihrer Tätigkeiten. Anstatt sich auf die Vermittlung der reinen Theorie zu konzentrieren, sind die Lehrenden aufgefordert, sinnhafte realitätsnahe Probleme zu erfinden, Projekte aus der Wirtschaft zu akquirieren oder studentische Forschungsräume zu schaffen, in denen Studierende die erlernte Theorie wissenschaftlich bzw. lösungsorientiert durchdringen können. Entsprechend werden Lehrende zu Lernbegleitern und müssen dadurch didaktisch einen anderen Ansatz verfolgen, denn Lehre und Forschung erfahren dabei eine zunehmende Verschmelzung (vgl. „Inquiry Learning" bei Hickman 2004). Auch wenn dies zunächst einen Mehraufwand bedeutet, können Dozenten erheblich von den Lehr-und Lernmethoden profitieren, beispielsweise indem sie Frage- oder Problemstellungen aus ihrem eigenen Lehrstuhl und von eigenen Kooperationen mit in die Lehre bringen. Anstatt lediglich mit einer kleinen wissenschaftlichen Mitarbeitergruppe an den eigenen wissenschaftlichen Problemstellungen zu arbeiten, können Studien- und Lösungsansätze durch die große Anzahl an Studierenden potenziert werden. Kombinationen mit anderen Studienfächern und Kollegen bieten die Chance einer ersten interdisziplinären, wissenschaftlichen Zusammenarbeit, möglicher vertiefter Kooperationen, sinnvoller Arbeitsteilung und eines höheren wissenschaftlichen Outputs. Auch wenn es bereits in vielen Studiengängen erste Ansätze gibt, praktische Kurse wissenschaftlichen Arbeitens zu implementieren, ist eine prinzipielle fächer- und semesterübergreifende Umstellung der Lehr- und Lernmethoden oder gar eine interdisziplinäre Zusammenarbeit über Fachspezialisierungen hinweg noch zu selten.

Studierende übernehmen im Rahmen dieser Lehr- und Lernformen stärker Verantwortung für ihren eigenen Lernprozess und erfahren dadurch ein hohes Maß an Selbstbestimmtheit insbesondere in Bezug auf die Fähigkeit, eigene Interessensgebiete, Fragestellungen und Ziele aufgrund von Selbsterfahrungen bestimmen zu können. Hinzu kommt Selbstregulation, also die Fähigkeit, den selbstgesteckten Zielen planvoll, reflektierend und korrigierend zu folgen sowie eine hohe Selbstwirksamkeitserwartung (Bandura 1977). Damit wird das Lehren zunehmend individualisiert und lerner- bzw. lerngruppenzentriert. Dies bedeutet auch, dass die Prüfungsverfahren stärker individualisiert und sich an den thematischen Kenntnissen der Lernenden orientieren müssen. Hochschulen sollte es deshalb ermöglicht werden, ihre Prüfungsverfahren adaptiv an die Studierenden und Studentengruppen anpassen zu können. Dabei sind Prüfungsszenarien zu entwerfen, die den individuellen, gruppenspezifischen und situativen Umständen Rechnung tragen.

Durch die neuen Lehr- und Lernformen entsteht zwischen Lehrenden und Lernenden eine neue Rollenkonstruktion: Studierende unterstützen ihre Dozierenden in der Lehre bei ihren Forschungsaktivitäten; Dozierende helfen ihren Studierenden bei der Entwicklung und Beantwortung ihrer Problemstellungen und Forschungsfragen. Somit entstehen schon frühzeitig Forschergemeinschaften zwischen studentischen Forscherteams und ihren sie anleitenden Lehrenden, die auch semesterübergreifend Bestand haben können. Über die Verbindung von Lehre und Forschung hinaus könnten auch Wissenstransfer und Praxis eine ganz neue, zentralere Rolle in den Forschergemeinschaften einnehmen. Sind Studierende beispielsweise stärker in Forscherteams des Lehrstuhls integriert und tragen aktiv zum neuen Erkenntnisgewinn bei, könnten sie auch stärker in Publikations- oder Präsentationstätigkeiten eingebunden werden. Studierende könnten so schneller mit der Wissenschaftswelt in Berührung kommen und auch in den entsprechenden Wissenschaftsforen ihre Kommunikationsfähigkeiten stärken. Anderweitige Prüfungsformen würden für die Forscherteams damit obsolet.

Lehrende haben umgekehrt die Chance, intensiver mit ihren Studierenden zusammenzuarbeiten. Sie betreuen studentische Forscherteams und steuern dabei in einer größeren Breite ihre eigene Forschung sowie den Wissenstransfer ihrer Forschung. Eine individuelle Betreuung wird auch bei einer Umstellung zu forschungs- und problembasierten Lernmethoden eine Herausforderung bleiben. Deswegen sollten Dozenten dazu befähigt werden, forschungs- und problembasierte Lehr- und Lernräume zu gestalten, effizient mit ihren Studierenden zu kommunizieren und deren Lern- und Arbeitsfortschritte so zu analysieren, dass sie gezielt Hilfestellungen anbieten können.

Selbstbestimmtes proaktives Lernen und Forschen im digitalen Raum

Innovationen in der Digitalisierung können die Umstellung hin zu forschungs- und problembasierten Lehr- und Lernmethoden sowie die skizzierten Implikationen fördern oder gar erst ermöglichen. So kann beispielsweise durch das Sammeln und Auswerten von gespeicherten Lernerdaten auf einer Lernplattform mittels „Learning Analytics" (Siemens 2012, S. 4ff) und „Educational Data Mining" (Baker und Inventado 2014) eine individuelle Anpassung von Lernaufgaben an den Wissensstand der Lernenden vorgenommen werden. Die Anpassungen erfolgen entweder automatisch oder durch die Lehrenden. Besonders Fächer und Vorlesungen mit hohen Studierendenzahlen können von diesen technischen Entwicklungen profitieren. Zusammen mit sogenannten „Massive Open Online Courses" (MOOCs), also aufgenommenen Vorlesungen, Vorträgen oder speziellen Erklärvideos, können diese Technologien im Konzept eines „Inverted Classroom" besonders an Hochschulen gewinnbringend eingesetzt werden. Beim forschungs- und problembasierten Lernen spielen außerdem digitale Assistenten, die sich an die Gruppenbedürfnisse, Gruppenkonstellationen sowie Forschungs- bzw. Lernphasen anpassen können, eine wichtige Rolle. Hierbei werden insbesondere Anweisungen an die Gruppensituation und Kollaborationsphase angepasst (vgl. „Adaptives Scripting" bei Demetriadis und Karakostas 2008). Nichtsdestoweniger müssen digitale Lernumgebungen an Hochschulen in einem höheren Maße offen, erweiterbar und für die Studierenden frei konfigurierbar sein. Studierende müssen in der Lage sein, kreative Lösungen und neue Forschungsdesigns digital umzusetzen. Mit der Vision von Forscherteams und einer vollständig digitalen wissenschaftlichen Arbeitsweise müssen künftige Kommunikations- und Kooperationsplattformen helfen, die Kommunikation zwischen Forscherteams und Dozierenden zu erleichtern, ein Forschungsdatenmanagement und digital unterstützte Datenanalyse zu integrieren sowie eine direkte Verknüpfung zwischen Forschungsdaten und -publikationen zu ermöglichen. Werden forschungs- und problembasiertes Lernen stärker und flächendeckender in Hochschulen angewandt, ist bereits absehbar, dass bestehende digitale Plattformen wie Ilias[19] oder Moodle[20] und andere digitalisierte Infrastrukturen wie „Open Educational Resources", Bibliotheksbestände und Forschungsdatenzentren Schnittstellen entwickeln

---

[19] Siehe hierzu: *www.ilias.de*

[20] Siehe hierzu: *https://moodle.de*

müssen, die ein reibungsloses wissenschaftliches Lernen und Forschen im digitalen Raum ermöglichen.

Hochschulen werden zunehmend damit konfrontiert sein, ein einheitliches digitales Studieren und Forschen zu ermöglichen. So formulierte die Kultusministerkonferenz (KMK) in ihrem Strategiepapier zur Bildung in der digitalen Welt, dass die […] Hochschulen in ihrem Bemühen zu unterstützen [seien], die Digitalisierung in der Lehre als Aspekt der Profilbildung und Bestandteil übergreifender Forschungs- und Lehrstrategien voranzutreiben." (KMK 2016, S. 50) Das Bundesministerium für Bildung und Forschung (BMBF) ergänzte in seiner Bildungsoffensive für die digitale Wissensgesellschaft, dass alle Bildungseinrichtungen „[…] über eine Strategie und die notwendigen Ressourcen zur Umsetzung digitaler Bildung […] [und über die] notwendigen organisatorischen, technischen und Management-Kompetenzen […]" (BMBF 2016, S. 27) verfügen sollten, diese umzusetzen.

Zentral bei der digitalen Umstellung von Forschung, Lehre und Wissenstransfer ist die Prämisse, dass Technologien immer unter dem Gesichtspunkt messbarer Lern- und Arbeitseffekte, eines qualitativen Mehrwerts von Ergebnissen sowie eines effizienteren, reibungsloseren Arbeitens beurteilt werden sollten. Aus diesem Grund bedarf es weiterer großer Forschungs- und Entwicklungsanstrengungen, die Effektivität und Qualität digitalen wissenschaftlichen Arbeitens zu erforschen, sowie einer massiven Investition in gebrauchstaugliche, digitale Infrastrukturen, um ein Lehren, Studieren und gemeinschaftliches Forschen von Lehrenden und Studierenden im digitalen Raum zu etablieren.

Weiterbildung

Die Entwicklung der Kompetenzen, auf denen digitale Souveränität fußt, müssen Eingang in das lebenslange Lernen finden, um auch diejenigen Bürger zu erreichen, die ihre initiale Bildungs- und Lernphase bereits – möglicherweise seit längerer Zeit – abgeschlossen haben. Sowohl Arbeitsprozesse als auch Forschungsprojekte können Ausgangspunkt einer qualitativ hochwertigen Weiterbildung sein. Wenn die Arbeit selbst oder Forschungsprojekte zum Lerngegenstand gemacht werden, orientieren sich die Weiterbildungsinhalte per se an aktuellen Themen und Herausforderungen. Durch systematische Reflexionsprozesse bei der Bearbeitung der Forschungs- oder Arbeitsprojekte wird das Lernen erfahrbar. Gleichzeitig bieten sich Chancen für neue Kooperationsbeziehungen entlang der Wertschöpfungskette, zwischen Bildungssystemen sowie zwischen Unternehmen und Weiterbildungsanbietern.

Weiterbildung in der Arbeit und mit der Wissenschaft

Reine Wissensvermittlung ist in der Weiterbildung heute nicht mehr zielführend, zumal Wissen schnell veraltet und für die oft sehr speziellen Belange der Unternehmen nicht spezifisch genug ist. Weiterbildung muss deshalb auf die konkrete Anforderung einer Person im jeweiligen Arbeitskontext zugeschnitten sein – inhaltlich, zeitlich und organisatorisch. Deshalb bietet sich Weiterbildung im Prozess der Arbeit anhand von Arbeitsinhalten an, die neben der inhaltlichen Aufgabenbewältigung übergreifende Kompetenzen wie Selbstorganisation, Analysefähigkeit, Problemlösungsfähigkeit, Kreativität, Medienkompetenz sowie den Umgang mit komplexen Anforderungen und Systemen in den Mittelpunkt stellt. Weiterbildung im Prozess der Arbeit kann wissenschaftliche Weiterbildung sein. Umgekehrt kann wissenschaftliche Weiterbildung auch in Arbeitskontexten stattfinden. Bei der Weiterbildung im Arbeitsprozess werden konkrete Arbeitskontexte und Arbeitsinhalte für die Weiterbildung genutzt. Bei der wissenschaftlichen Weiterbildung steht der Transfer von Forschung in die Praxis und von der Praxis in die Forschung im Mittelpunkt. Insbesondere innovative technologieorientierte Unternehmen, die oft wissenschaftsnah arbeiten, sind auf einen schnellen Transfer von Forschungsergebnissen in die Praxis angewiesen. Entsprechende Weiterbildungsangebote existieren derzeit allerdings kaum.

Im Rahmen der wissenschaftlichen Weiterbildung, die in den vergangenen Jahren besonders auch von Hochschulen als neues strategisches Betätigungsfeld erschlossen wird, können sowohl Arbeitsprozesse mit Forschungsprojekten verknüpft als auch Forschungsprojekte alleine zum Gegenstand der Weiterbildung gemacht werden. Auch hier steht neben der inhaltlichen Arbeit die Stärkung der genannten Kompetenzen im Mittelpunkt, ergänzt durch die Vermittlung von wissenschaftlichem Arbeiten.

Welche Anforderungen an Weiterbildung bestehen, wissenschaftlich oder nicht, wissen diejenigen, die in diesen Prozessen arbeiten, oft am besten. Entsprechend müssen die für die Weiterbildung Verantwortlichen und die Mitarbeitenden darin unterstützt werden, diese Veränderungsprozesse in und zwischen Unternehmen und den damit einhergehenden veränderten Bedarf, der oft von Unternehmen zu Unternehmen und von Arbeitsplatz zu Arbeitsplatz ganz unterschiedlich sein kann, zu erkennen, zu konkretisieren und zu nutzen. Dabei hilft es, wenn übergreifende Kompetenzen, wie Selbstorganisation, Problemlösefähigkeit oder der Umgang mit komplexen Anforderungen und Systemen, schon frühzeitig in Schule, Ausbildung oder Studium vermittelt wurden.

Passgenaue Weiterbildung in Losgröße 1

Für die passgenaue Weiterbildung und den Wissenstransfer zwischen Forschung und Praxis bieten sich Ansätze des arbeits-, problem- und forschungsbasierten Lernens besonders gut an. Folgende zwei Beispiele, die auch miteinander kombinierbar sind, sollen dies verdeutlichen.

- Gerade dort, wo Arbeitsprozesse sich schnell verändern und neue Herausforderungen durch die Digitalisierung bewältigt werden müssen, ist der Arbeitsgegenstand an sich auch gleichzeitig exzellenter Lerngegenstand. Beim arbeitsbasierten Lernen liegt die Herausforderung in der Systematisierung des Lernens im Arbeitskontext und im Bewusstmachen von Lernprozessen. Hierzu gibt es schon Erfahrungen und Ansätze. Ein erster systematischer Ansatz war das IT-Weiterbildungssystem[21], das auf dieser Idee aufgebaut war und durch generalisierte Prozesse, Dokumentation des Lernens, fachliche Unterstützung und Lernprozessbegleitung dem Arbeitsgegenstand als Lerninhalt Struktur gegeben hat. Die Idee wurde auch in anderen Zusammenhängen aufgegriffen und ist immer dann erfolgversprechend, wenn eben genau keine Lerninhalte im Sinne von Wissenselementen zur Verfügung gestellt werden können, die Arbeitsprozesse aber selbst viele Chancen zum Lernen bieten. Aktuell beschäftigen sich zum Beispiel Projekte aus dem Wettbewerb „Aufstieg durch Bildung: offene Hochschulen"[22] mit solchen Lernformen, teilweise auch unter Nutzung digitaler Medien. Diese Form des arbeits- und projektbasierten Lernens bietet sich generell für die Weiterbildung an, auch für die wissenschaftliche.

- Für den Transfer von Exzellenzwissen zwischen Hochschulen und Unternehmen erscheinen Tandems zwischen exzellenten Studierenden sowie Mitarbeitern von Unternehmen geeignet, die in innovativen Feldern arbeiten und auf Wissen aus der Forschung angewiesen sind. Ziel ist der Transfer von Forschungs-Know-how in die Praxis und von Anforderungen der Praxis in die Forschung. Die Studierenden bearbeiten dabei definierte forschungsnahe Projekte, die zugleich Input für ihre Abschlussarbeiten liefern können. Tandempartner auf Seiten der Unternehmen unterstützen die Studierenden in ihrer Arbeit und lernen selbst in diesem Prozess. Eine wissenschaftliche Betreuung dieser Tandems durch qualifizierte Personen aus dem Lehrkörper stellt dabei sicher, dass das wissenschaftliche Potenzial

---

[21] Siehe hierzu auch Wikipedia zum Begriff „APO-IT" (Arbeitsprozessorientierte Weiterbildung in der IT-Branche). Verfügbar unter: https://de.wikipedia.org/wiki/APO-IT, zuletzt zugegriffen am 19.07.2017.

[22] Siehe hierzu z. B. „Work Based Learning" (Lernen an Realprojekten aus dem professionellen Umfeld der Lernenden) im Projekt „beSt – berufsbegleitendes Studium nach dem Heilbronner Modell" (Verfügbar unter: www.hs-heilbronn.de/projekt-best, zuletzt zugegriffen am 28.08.2017); Lernen in realen Forschungs- und Entwicklungsprojekten in den Projekten „Freiräume für wissenschaftliche Weiterbildung" der Universität Freiburg (Verfügbar unter: www.offenehochschule.uni-freiburg.de, zuletzt zugegriffen am 28.07.2017) und continu.ing der TU Hamburg-Harburg (Verfügbar unter: http://continuing.de/wp, zuletzt zugegriffen am 28.07.2017).

dieser Projekte für beide Seiten ausgeschöpft wird. Der Fokus der Tandems ist zwar auf die inhaltliche Arbeit gerichtet, auf strategischer Ebene stehen aber der Wissenstransfer und die betrieblichen Weiterbildungsprozesse im Vordergrund. Gleichzeitig werden auch die Kooperationen zwischen Hochschule und Unternehmen intensiviert.[23] Dieser Ansatz ist ein Beispiel für die wissenschaftliche Weiterbildung.

Weiterbildung braucht Support-Strukturen – Rollen verändern sich

Ein wichtiges Element der Weiterbildung mittels arbeits-, problem- und forschungsbasiertem Lernen sind Begleitprozesse, also Tandems, Lernprozessbegleitungen oder der Austausch zwischen den Teilnehmern einer Weiterbildung. Sie unterstützen insbesondere die Motivation und Einordnung des Gelernten. Am Beispiel der Aufgaben, die hier Weiterbildungsanbieter übernehmen können, soll dies im Folgenden kurz verdeutlicht werden: Die Rolle der Weiterbildungsanbieter verändert sich vom Vermittler von Inhalten zum Prozessorganisator. Bei diesem ganzheitlichen Ansatz besteht die anfängliche Aufgabe darin, ein oder mehrere für die Weiterbildung geeignete Projekte aus dem Forschungs- oder Arbeitskontext zu identifizieren und mit dem Arbeitgeber abzustimmen. Diese Projekte müssen lernhaltig im Sinne der zu vermittelnden Kompetenzen und herausfordernd für den Lernenden sein sowie einen vorher definierten Umfang haben und an aktuellen Prozessen der Unternehmen orientiert sein. Weiterbildungsanbieter können in der Identifikation solcher Projekte unterstützen. Die Aufgabe der Bereitstellung von Inhalten durch Weiterbildungsanbieter nimmt dagegen eine eher untergeordnete Rolle ein. Denkbar sind eher allgemeine Angebote wie wissenschaftliches Arbeiten, Projektmanagement oder Hinweise darauf, wie man im Internet zum jeweiligen Thema aktuelle Informationen findet und damit umgeht. Schließlich sind Zertifizierungsformen der Weiterbildung festzulegen und zu definieren, was diese Zertifikate strategisch bedeuten sollen im Hinblick etwa auf internationale Anerkennung oder die Anrechenbarkeit auf ein Studium.

Diese Form der Weiterbildung kann sehr gut auf ganz spezielle Bedarfe zugeschnitten werden. Umgekehrt fordert sie von Lernenden ein hohes Maß an Eigenständigkeit und Selbstreflexionsfähigkeit. Auch ist die Weiterbildung durch die Verschränkung mit Arbeit und Forschung grundsätzlich mit Risiken behaftet: Reale Projekte im Arbeitskontext können sich verändern oder gar wegbrechen, neue Aufträge können Weiterbildungsprozesse verändern oder verzögern, Forschung kann Ergebnisse her-

---

[23] Siehe zum Thema *„Wissenschaftliche Weiterbildung für Unternehmen"* auch: *www. vdivde-it.de/ips/archiv/dezember-2007/wissenschaftliche-weiterbildung-fuer-unternehmen, zuletzt zugegriffen am 28.07.2017*

vorbringen, die man sich nicht erwünscht hat. Vor diesem Hintergrund muss Weiterbildung auch inhaltlich und zeitlich flexibel gestaltet sein.

Digitalisierung minimiert Risiken und ermöglicht Freiräume

Digitalisierung bietet die Möglichkeit, individuelle Lernprozesse zu unterstützen und auch abzusichern:

- Digital können verschiedene (Micro-)Lerneinheiten bereitgestellt werden, die dann punktuell und genau bei Bedarf von den Weiterzubildenden selbst abgerufen werden.

- Learning Analytics kann darin unterstützen, individuelle Lernprozesse sichtbar und die Ergebnisse zur Grundlage einer Zertifizierung zu machen.

- Mittels Simulationsumgebungen und virtuellen Laboren ist es möglich, Weiterbildungsprozesse abzusichern. So kann es sein, dass ein als Lerngegenstand identifiziertes Projekt doch nicht so umfassend ist, wie ursprünglich angenommen; es verändert sich aufgrund äußerer Rahmenbedingungen oder es gibt Elemente, die aufgrund von Sicherheitsbestimmungen des Unternehmens nicht als Lerngegenstand genutzt werden dürfen. Dann kann gezieltes Lernen in Simulationsumgebungen und virtuellen Laboren helfen, genau diese Lücken zu schließen.

- Weiterbildung auf Losgröße 1 lässt sich schwer in Gruppen umsetzen oder durch Peers unterstützen, wenn sie auf Präsenz ausgerichtet ist: Die Weiterbildungsgegenstände unterscheiden sich thematisch-inhaltlich sowohl vom Umfang her als auch im Bearbeitungstempo. Wann gibt es ein geeignetes Projekt im Arbeits- oder Forschungskontext? Bis wann muss es bearbeitet sein? Was macht man, wenn sich plötzlich Prioritäten im Arbeitskontext verschieben und ein anderes Projekt vorerst vorgezogen werden muss oder das Projekt schneller als ursprünglich geplant bearbeitet werden muss? Die digitale Vernetzung im Rahmen von Forenbeiträgen oder Chats im Internet bietet hierbei Gleichgesinnten über verschiedene Weiterbildungsanbieter hinweg die Chance, eine kritische Masse an Personen zu erreichen, die sich gegenseitig in der Bearbeitung ihrer sehr individuell zugeschnittenen Projekte direkt unterstützen können.

- Synchrone und asynchrone digitale Kommunikations- und Kollaborationswerkzeuge wie auch Werkzeuge zum Wissenstransfer können die schnelle Unterstützung der Weiterzubildenden durch Prozessorganisatoren oder Mentorenschaft bei Bedarf sicherstellen. Visionär lässt sich zumindest in Teilen in absehbarer Zeit auch automatisiertes Lerncoaching durch den Einsatz entsprechender Algorithmen umsetzen.

- Online-Lerntagebücher oder auch Online-Kurz-Assessments, die mit gezielten Fragen das Gelernte sichtbar machen, oder auch Projektplanungstools zur Unterstützung der Organisation der Weiterbildung und der Dokumentation der Arbeiten bieten gute Möglichkeiten, die Lernenden zu motivieren und bei der Selbstreflexion zu unterstützen.

Für diese individuelle Form der Weiterbildung mittels arbeits-, forschungs- und projektbasiertem Lernen sind Freiräume und eine unterstützende Lehr-Lernkultur sehr wichtig, um die Tätigkeiten sowohl in der Forschung als auch in der Arbeit in einem Unternehmen reflektieren zu können – und um zu recherchieren, wie man etwas auch auf andere Weise tun kann. Digitale Medien, also der Austausch per Chat, Videokonferenz, Webinar, „Virtual Classroom" oder andere Kommunikations- und Kollaborationswerkzeuge, und didaktische Trends wie „Casual Learning", Mikrolerneinheiten, Lernen nach Bedarf oder „Reversed-Konzepte" können maßgeblich dabei unterstützen, diese Freiräume zu schaffen.

Ausblick

Selbstverantwortliches, erfahrungsbasiertes Lernen steht im Zentrum einer Kompetenzentwicklung, die auf digitale Souveränität abzielt. Dadurch werden über alle Bildungsbereiche hinweg unterschiedliche Neujustierungen notwendig. Diese Neujustierungen beziehen sich auf das Rollenverständnis der Lehrenden und Lernenden, auf den Prozess der Organisationsentwicklung, auf die gesellschaftlichen Anforderungen hinsichtlich der Leistung und Funktion von Bildungsinstitutionen sowie auf den Einbezug digitaler Medien:

Rollenverständnis der Lehrenden: Die Aufgabe, das Lehren konsequent aus der Lernendenperspektive anzubieten („The shift from teaching to learning"; siehe Wildt 2003), bedeutet für Lehrende in der Schule vor allem, adaptiv und aktivierend zu unterrichten, in der Hochschule zunehmend anleitend und kooperativ in Forschungsgemeinschaften zu agieren und in der beruflichen Bildung ebenso wie auch der wissenschaftlichen Weiterbildung lernbegleitend zu wirken.

Rollenverständnis der Lernenden: Die Chance für Lernende, sich weitgehend selbstbestimmt und eigenverantwortlich mit lebensnahen, authentischen Fragen und Problemstellungen auseinanderzusetzen, bezieht sich in der Schule insbesondere darauf, das Lernen zu lernen; in der beruflichen Bildung bedeutet sie, Verantwortung für das Lernen zu übernehmen; Studierende in Hochschulen sind angehalten, eigenverantwortlich und proaktiv Forschungs- und Problemgegenstände über den bekannten Horizont hinauszudenken; und bei Studierenden der wissenschaftlichen Weiterbildung steht der Gedanke des lebenslangen Lernens im Mittelpunkt.

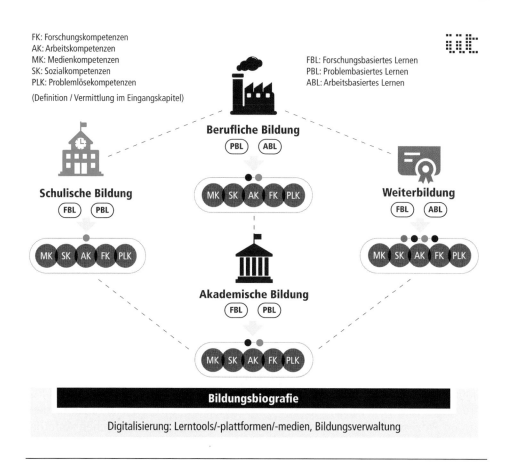

FK: Forschungskompetenzen
AK: Arbeitskompetenzen
MK: Medienkompetenzen
SK: Sozialkompetenzen
PLK: Problemlösekompetenzen

(Definition / Vermittlung im Eingangskapitel)

FBL: Forschungsbasiertes Lernen
PBL: Problembasiertes Lernen
ABL: Arbeitsbasiertes Lernen

Abbildung 3.3.1: Bildung als Voraussetzung digitaler Souveränität[24]

---

[24] *In den vorangegangenen Abschnitten wurde bereits deutlich, welche Lehr- und Lernformen in welchen Bildungsbereichen besondere Anwendung finden, und welche Kompetenzen sie vermitteln. Mit diesem Schaubild soll deutlich werden, dass neu erworbene Kompetenzen aufeinander aufbauen und in den speziellen Bildungsbereichen ihre eigene „Färbung" bekommen sollten (siehe farbige Punkte an den Kompetenzmarkern). Die Verbindungslinien zwischen den Bildungsbereichen verdeutlichen, dass auf eine höhere Durchlässigkeit individueller Lernwege geachtet werden muss. Während Medienkompetenzen durch die proaktive Erfahrung, Anwendung und Entwicklung digitaler Artefakte vermittelt werden, sollen Lerntools, Lernmedien und Lernplattformen jegliche Art von Kompetenzvermittlung unterstützen. Diese sollen den Lernenden während ihrer Bildungsbiografien begleiten und aufeinander aufbauen, auch wenn Lernende zwischen Bildungsbereichen wechseln.*

Organisationsentwicklung: Im Sinne von lernenden Organisationen stehen Schulen vor der Herausforderung, ein Profil zu entwickeln und, sollten sie mehr Autonomie gewinnen, diese zur Umsetzung ihres Profils zu nutzen. Beruflichen Schulen obliegt es, Lernen zunehmend an unterschiedlichen Ausbildungsorten zu ermöglichen und noch stärker mit den Praxisanforderungen zu verzahnen, Hochschulen, eine noch stärkere Verzahnung der drei Säulen Forschung, Lehre und Transfer vorzunehmen, und Einrichtungen der wissenschaftlichen Weiterbildung sind aufgefordert, Kooperationen entlang der Wertschöpfungskette – welche sowohl Wirtschaft als auch Wissenschaft umfassen – vorzunehmen bzw. auszubauen.

Gesellschaftliche Anforderungen: Das Erfordernis, Bildungsbereiche und -institutionen durchlässiger zu gestalten und individuelle Lerninhalte und Lernwege zuzulassen, heißt für Schulen, formative Bewertungen nicht nur vorzunehmen, sondern bei der Vergabe formaler Qualifikation diese auch anzuerkennen; für berufliche Schulen sind infolge sich schnell verändernder beruflicher Anforderungen flexible Curricula notwendig; Hochschulen sehen sich, aufgrund der Nachfrage hochqualifizierter Fachkräfte, gezwungen, eine höhere Durchlässigkeit zwischen Lehre, Forschung und Praxis sowie zwischen einzelnen Semesterjahrgängen oder Fachdisziplinen zuzulassen; für Institutionen der wissenschaftlichen Weiterbildung erscheinen vor allem individuelle Curricula notwendig.

Digitalisierung: Die Nutzung digitaler Medien zur Unterstützung von Lehr- und Lernprozessen und die zeitgleiche Förderung eines souveränen und mündigen Umgangs mit digitaler Technik bedeutet, die Didaktik und Methodik in allen vier Bildungsbereichen entsprechend neu aufzustellen.

Auch wenn die einzelnen Bildungsbereiche unterschiedliche Spezifika, Bedürfnisse und Entwicklungsstadien bei den Neujustierungen vorweisen, dürfen bei den Punkten Kompetenzentwicklung und Digitalisierung keine Brüche entstehen. Die Grundlagen für ein mündiges und verantwortungsvolles Leben in analogen und digitalen Welten unserer Gesellschaft werden bereits in der Schule gelegt und müssen bei jeder der nachfolgenden Bildungsstationen eingefordert und erweitert werden. Die grundlegenden Prinzipien und Stufen der Kompetenzentwicklung wie auch des Medieneinsatzes sollten hierbei für die Lernenden verständlich und nachvollziehbar bleiben. Die Ermöglichung individueller Lernwege und zugleich durchlässige Gestaltung der Übergänge zwischen den Bildungsbereichen ohne Brüche auf Kompetenzebene und medialer Ebene eröffnen eine bildungsbiografische Entwicklungsperspektive (siehe Abbildung 3.3.1). Die Voraussetzung dafür scheint, Bildungserfolge systematisch zu erschließen und den Anforderungen einer zunehmend digitalisierten Welt adäquat zu begegnen.

Literatur

Baker, R. S.; Inventado, P. S. (2014). Educational Data Mining and Learning Analytics: Springer New York. Verfügbar unter: http://link.springer.com/chapter/10.1007/978-1-4614-3305-7_4/fulltext.html, zuletzt zugegriffen am 20.07.2017.

Bandura, A. (1977). Self-Efficacy: Toward a Unifying Theory of Behavioral Change. In: Psychological Review 84 (2), S. 191–215.

Bundesministerium für Bildung und Forschung (BMBF) (2016). Bildungsoffensive für die digitale Wissensgesellschaft. Strategie des Bundesministeriums für Bildung und Forschung. Verfügbar unter: www.bmbf.de/pub/Bildungsoffensive_fuer_die_digitale_Wissensgesellschaft.pdf, zuletzt zugegriffen am 26.07.2017.

Bundesinstitut für Berufsbildung (BIBB). Teil 1 – Industrie 4.0 und ihre Auswirkung auf die Arbeitswelt. Websiteauftritt. Verfügbar unter: www.foraus.de/html/foraus_3324.php, zuletzt zugegriffen am 26.07.2017.

Demetriadis, S.; Karakostas, A. (2008). Adaptive collaboration scripting: A conceptual framework and a design case study. International Conference on Complex, Intelligent and Software Intensive Systems, CISIS 2008, S. 487–492.

Deutsche Kinder- und Jugendstiftung (DKJS). Forschendes Lernen. Websiteauftritt. Verfügbar unter: http://forschendes-lernen.net/index.php/gute-gruende.html, zuletzt zugegriffen am 26.07.2017.

Hickman, L. A. (2004). John Dewey – Leben und Werk. In: Hickman, L., A.; Neubert, S.; Reich, K. (Hrsg.). John Dewey. Zwischen Pragmatismus und Konstruktivismus (1), S. 1–12.

Huber, L. (2009). Warum Forschendes Lernen nötig und möglich ist. In: Huber, L.; Hellmer, J.; Schneider, F. (Hrsg.). Forschendes Lernen im Studium. Bielefeld: Universitätsverlag Webler, S. 9–35.

Jonassen, D. H. (1997). Instructional design models for well-structured and Ill-structured problem-solving learning outcomes. In: ETR&D 45 (1), S. 65–94. DOI: 10.1007/BF02299613.

Kergel, D.; Heidkamp, B. (2015). Forschendes Lernen mit digitalen Medien. Ein Lehrbuch. Münster: Waxmann.

Kultusministerkonferenz (KMK) (2016). Bildung in der digitalen Welt: Strategie der Kultusministerkonferenz. Verfügbar unter: www.kmk.org/fileadmin/Dateien/pdf/PresseUndAktuelles/2016/Bildung_digitale_Welt_Webversion.pdf, zuletzt zugegriffen am 20.07.2017.

Merriënboer, J. J. G. v.; Sweller, J. (2005). Cognitive Load Theory and Complex Learning. Recent Developments and Future Directions. In: Educ Psychol Rev 17 (2), S. 147–177. DOI: 10.1007/s10648-005-3951-0.

Messner, R. (2009). Forschendes Lernen aus pädagogischer Sicht. In: Messner, R. (Hrsg.). Schule forscht. Ansätze und Methoden zum forschenden Lernen. Hamburg: Körber Stiftung, S. 15–30.

Odendahl, A. (2017). Digitalisierung muss Chefsache sein. Bildungsklick. Verfügbar unter: https://bildungsklick.de/aus-und-weiterbildung/meldung/digitalisierung-muss-chefsache-sein, zuletzt zugegriffen am 20.07.2017.

Siemens, G. (2012). Learning analytics: envisioning a research discipline and a domain of practice. In: LAK '12 Proceedings of the 2nd International Conference on Learning Analytics and Knowledge, S. 4–8. Verfügbar unter: http://dl.acm.org/ft_gateway. cfm?id=2330605&type=pdf, zuletzt zugegriffen am 20.07.2017.

Stubbe, J. (2017). Von digitaler zu soziodigitaler Souveränität. In: Wittpahl, V. (Hrsg.). Digitale Souveränität. Bürger – Unternehmen – Staat. iit-Themenband. 1. Aufl. Berlin, Heidelberg: Springer. (*vgl. Kapitel 1.3 in diesem Band*)

Wildt, J. (2003). „The Shift from Teaching to Learning" – Thesen zum Wandel der Lernkultur in modularisierten Studiengängen. In: Bündnis 90 / Die Grünen im Landtag NRW (Hrsg.). Unterwegs zu einem europäischen Bildungssystem. Reform von Studium und Lehre an den nordrhein-westfälischen Hochschulen im internationalen Kontext. Düsseldorf, S. 14–18.

Ausblick

Volker Wittpahl

Die Auswirkungen der Digitalisierung auf die Menschheit sind vergleichbar mit dem Übergang vom Mittelalter in die Neuzeit – allerdings mit einem Unterschied: Die Menschen hatten viele Generationen Zeit, um vom Mittelalter über die Aufklärung in die Neuzeit zu gelangen. Und während der Weg vom Mittelalter in die Neuzeit Jahrhunderte dauerte, führen immer kürzere Entwicklungszyklen in der Technik und die rasant zunehmende Vernetzung von allen mit allem zu einer extremen Beschleunigung des gesellschaftlichen Wandels. Es ist kaum vorstellbar, wie irritiert und verunsichert ein Mensch gewesen wäre, der aus dem Mittelalter direkt in die Gesellschaft des frühen 20. Jahrhunderts katapultiert worden wäre. Doch genau mit einem solchen Tempo steuern wir gerade auf ein neues Zeitalter zu.

An der Schwelle zu einem Zeitalter der digitalen Aufklärung

Niemand kann genau vorhersehen, wie die Zukunft aussehen wird. Doch eines ist gewiss: Die Menschheit steht vor einem radikalen Umbruch, wenn nicht gar vor einer großen Krise. Durch die Entscheidung, Informations- und Kommunikationstechnologien immer stärker in unser Leben zu integrieren, steuern wir nun mit großem Tempo auf die entscheidende Gabelung unseres Entwicklungspfades zu. Ein Weg zurück in alte Zeiten und Welten gibt es nicht. Zu tief sind die technischen Entwicklungen inzwischen in unseren Alltag vorgedrungen. Ein Maschinensturm wie Anfang des 19. Jahrhunderts würde heute zum Zusammenbruch unserer Gesellschaft führen.

Viele Menschen spüren ihre digitale Unmündigkeit, ihre eingeschränkte digitale Souveränität und reagieren mit Angst: Sie haben Angst vor dem Verlust von Arbeit, dem Verlust von Wohlstand oder Angst vor dem Verlust der Eigenständigkeit. Viele Menschen haben Angst vor einem neuen Zeitalter, das ihnen bedrohlich, ungewiss und unvorhersehbar erscheint. In Sorge, jeglichen Halt und jede Orientierung zu verlieren, klammern sie sich an das Vertraute und Gewohnte aus der Vergangenheit.

Ebenso charakteristisch für den heutigen Zeitgeist ist jedoch der Wandel von Gewohnheiten. Nicht wenige Kinder und Jugendliche erhalten täglich – schon vor Schulbeginn – mehr als 100 Nachrichten über Messenger-Dienste wie WhatsApp; gleichzeitig weisen immer mehr Smartphone-Nutzer die klassischen Abhängigkeitssymptome eines Suchtkranken auf.

Wissenschaftler beobachten zudem eine Abnahme kognitiver Fähigkeiten, ausgelöst durch die Allgegenwart von Informations- und Kommunikationstechnologien. So nimmt etwa die Orientierungsfähigkeit bei intensiver Nutzung eines Navigationssystems spürbar ab. Auch die Fähigkeit des Kopfrechnens schwindet durch den Gebrauch von Taschenrechnern. Und wichtige historische Ereignisse werden heute eher „gegoogelt" als gewusst.

Doch damit nicht genug. Neue Technologien wie Social Bots sind beispielsweis in der Lage, die Menschen in ihren Wahl- und Kaufentscheidungen zu beeinflussen. Zu unterscheiden sind professionelle Chatbots nur noch dann von einem Menschen, wenn Ironie und Sarkasmus eingesetzt werden. Und auch das wird sich in Zukunft vermutlich ändern.

Selbst Datenschutz und Privatsphäre – wichtige Eckpfeiler liberaler Gesellschaften – werden künftig auch bei digitaler Medien-Abstinenz nicht mehr gegeben sein. Eine Vielzahl von Umweltsensoren, wie Videokameras und deren Verknüpfung mit Datenanalyse-Systemen, können das Verhalten jedes Menschen dokumentieren und bewerten.

Im Arbeitsleben lässt die Digitalisierung die klassischen Berufsbilder erodieren. Waren es in der Vergangenheit einfache Tätigkeiten, die von Maschinen sukzessive übernommen wurden, sind es künftig auch die Fähigkeiten hochbezahlter Spezialisten: Schon heute sind die in der medizinischen Analyse und Diagnostik eingesetzten digitalen Assistenzsysteme und Mustererkennungen schneller und genauer in ihrer Diagnose. Längst können Maschinen juristische Texte wie Gesetze und Urteile wesentlich schneller, umfassender und preiswerter durchsuchen und analysieren als ein hervorragend ausgebildeter Jurist. In vielen Fällen ist auch der digitale Finanzanalyst schon der bessere Anlageberater. Makler für Immobilien und Finanzprodukte werden künftig überflüssig durch intelligente, digitale Verträge, sogenannte „Smart Contracts".

Die binnen einer Generation wahrnehmbaren und sich gegenwärtig rasant beschleunigenden Veränderungen verunsichern viele Menschen nicht nur zutiefst. Sie sind gleichsam der perfekte Nährboden für Dystopien, in denen kommende Generationen zu dumpfen Konsumenten generieren – und zur Gewinnmaximierung ergo zum Machterhalt einiger weniger herhalten. Selbst der gebildeten Schicht kann in dieser neuen Welt ein freier Wille und ihre Entscheidungsfreiheit erfolgreich vorgegaukelt werden. Wen mag es da verwundern, wenn in heutigen politischen und gesellschaftlichen Diskussionen die Idee des bedingungslosen Grundeinkommens en vogue ist und marxistische Ideen vom Ende des Kapitalismus eine Renaissance erfahren? Wie wird unser Leben aussehen, wenn die Digitalisierung Produktion und Märkte komplett optimiert hat? Und welche Rolle spielt dabei die Tatsache, dass die Mittel für Wirtschaftswachstum auf der Erde auf natürliche Weise limitiert sind?

Ein alternativer Entwicklungspfad der digitalen Transformation

So verlockend es für manch einen auch sein mag, sich in die Gedankenwelt dunkler Dystopien zu werfen. Kehren wir noch einmal zurück an jenen Punkt, an dem sich der zivilisatorische Entwicklungspfad gabelte. Lassen Sie uns gemeinsam versuchen – abseits erkennbarer Dystopien – einen alternativen Pfad zu finden. Einen, der uns in eine hellere, verheißungsvollere Zukunft führen könnte.

Stellen wir uns hierzu eine Entwicklung vor, in der digitale Technologien für eine individuell optimierte Unterstützung der Persönlichkeitsentwicklung, der freien Entfaltung und für den Erkenntnisgewinn eingesetzt werden. Psychische Erkrankungen und Kindheitstraumata würden der Vergangenheit angehören, da die Digitalisierung sich um das mentale Wohlergehen eines jeden sorgt. Jeder Mensch würde nur das konsumieren, was er auch wirklich benötigt oder für seine Entfaltung braucht. All dies wäre möglich dank eines allumfassenden Überall-Internets. Ziel und Zweck dieses Überall-Internets würde sein – neben der individuellen Unterstützung der Persönlichkeitsentfaltung eines jeden Menschen – die kulturelle Vielfalt in unseren Gesellschaften zur fördern, die Biosphäre zu erhalten und den schonenden Umgang mit dem Lebensraum Erde zu gewährleisten.

Für die Bürger würde ein solcher Entwicklungsweg in eine Welt führen, in der Bots einen positiven Einfluss haben und ein freies, kreatives Denken und Handeln fördern. Dies wäre auch das Ende von Bildungsbenachteiligung, da jeder Mensch durch die Digitalisierung die Chance bekäme, nach bestem Wissen und entsprechend seinen Fähigkeiten seine Persönlichkeit zu entfalten.

Doch nicht nur der Bürger könnte hiervon profitieren. Auch der Staat würde entlang dieser digitalen Utopie gewinnen: Denn digitale Technologien können viele jener komplexen Aufgaben übernehmen, die einzelne Menschen oder isoliert handelnde Gruppen überfordern. Gleichzeitig kann die Digitalisierung für den Erhalt und einen schonenden Umgang mit der regionalen und globalen Biosphäre sorgen, da Aktionen und Messdaten direkt in Relation gesetzt und hierdurch Steuerungsmaßnahmen via Überall-Internet ausgelöst werden können. Darüber hinaus ließe sich das Überall-Internet sowohl für die Verteilung von Gütern als auch für den Erhalt der Artenvielfalt einsetzen. Als Konsequenz könnten der Klimawandel gezähmt und die Klimakatastrophe abgewendet werden. Und weil sich durch eine individuelle Förderung aller die Aufklärung und Bildung auf ein gemeinsames globales Niveau anheben ließen, würden die heute noch bestehenden Unterschiede zwischen den Menschen verschwinden.

In einer solchen Welt hätten Unternehmen und Staaten neue Rollen, Aufgaben und Pflichten haben und vollkommen anders funktionieren als das heute der Fall ist.

Handlungsräume: Wege aus der digitalen Unmündigkeit

Um den Zukunftspfad der Utopie zu beschreiten, bedarf es Mut. Und zweifelsohne ist der Weg ins Dunkel leichter zu erkennen als der oftmals schmale Pfad im hohen Gras. Bei unserem Aufbruch aus der digitalen Unmündigkeit in Richtung Utopie sollten wir uns nicht von der Hektik der Technologieentwicklung zu Kurzschlussentscheidungen verleiten lassen, sondern uns zunächst in aller Ruhe ein paar kritische Fragen zum Ziel der digitalen Transformation und der digitalen Souveränität stellen:

- Wem könnte die Kontroll- und Manipulationsmacht eines künftigen Überall-Internets nutzen?

- Wer kontrolliert sie und wozu wird diese Kontrolle genutzt beziehungsweise eingesetzt?

- Wie frei bin ich in meiner Entscheidung, wenn das Überall-Internet sich um alles kümmert?

- Wie frei bin ich tatsächlich noch, wenn das Überall-Internet mich in meiner Entwicklung unterstützt?

- Wie wird der Umgang mit Daten an und zu meiner Person aussehen? Was bedeutet ein Recht auf digitales Eigentum für mich?

- Wie vererbe ich meinen „digitalen Schuhkarton" mit Fotos und Erinnerungen an meine Nachkommen?

Wie ein Staat beschaffen sein muss, um für sich selbst und für seine Bürger eine digitale Souveränität zu gewährleisten, lässt sich ebenfalls in Fragen erkunden. Zur Beantwortung bedarf es einer gesellschaftsübergreifenden Debatte, in der politische, aber auch gesellschaftliche Akteure folgende Fragen stellen:

- Wie werden die ideale Organisation und Steuerung von Staaten in einer digital optimierten Welt aussehen?

- Welche Aufgaben und Verantwortung können und wollen wir an Maschinen abgeben?

- Sollten wir zwecks Objektivität und Gerechtigkeit künftig ganz auf menschliche Staatenlenker verzichten?

- Wird es in einer digital optimierten Gesellschaft noch eine Verfassung und eine Gewaltenteilung geben?

- Zu was für einer Gesellschaft führen maschinengelenkte Staatsformen?

Und schließlich: Was wird aus den Unternehmen, wenn in einigen Jahren die digitale Transformation vorangeschritten ist und die Digitalisierung Produktions-, Verwaltungs- und Entscheidungsprozesse bis an den Anschlag optimiert hat? Auch sie werden sich viele neue Fragen stellen müssen, denen sie nicht aus dem Weg gehen können. Zum Beispiel:

- Wie sieht ein Unternehmen aus, wenn sich alle Prozesse und Kenngrößen mit Hilfe der Digitalisierung in Echtzeit optimieren lassen?

- Wie können Unternehmen den Übergang in eine digital optimierte Welt erfolgreich meistern? Wie sieht der Übergang aus?

- Was bedeuten dann noch Märkte, was Konkurrenz?

- Wie werden Unternehmen in einer digital optimierten Welt aussehen?

- Welchen Sinn und Zweck könnten Unternehmen in einer digital optimierten Gesellschaft haben?

- Welche Tätigkeiten werden Menschen in einer digital optimierten Gesellschaft übernehmen? Wie werden Menschen dann arbeiten?

Der Weg in die Zukunft

Unser Weg in die digitale Zukunft ist alles andere als klar, sondern voll von dunklen Sackgassen und Untiefen. Die hier aufgeworfenen Fragen können nur skizzenhaft die vor uns liegenden Veränderungen umreißen – wir müssen allerdings auf diese und weitere Fragen Antworten finden, um einen Plan für die Zukunft schmieden zu können. Es ist durchaus Eile geboten. Denn nur eine rasche Beantwortung der Fragen gepaart mit einer Konsensbildung über Grenzen und Schichten hinweg kann dazu beitragen, dass die Menschen aus eigener Kraft eine digitale Handlungssouveränität erlangen, bevor die Digitalisierung sie ihnen beibringt – oder sie ihnen für immer nimmt.

Anhang

Autoren

Dr. Wenke Apt

Wenke Apt studierte internationale Betriebswirtschaftslehre, Public Policy und Demografie. Ihre Dissertation verfasste sie am Max-Planck-Institut für demografische Forschung über die sicherheitspolitischen Implikationen des demografischen Wandels. Sie verantwortet im Institut für Innovation und Technik (iit) das Themenfeld „Arbeit-Technik-Innovation" und ist seit 2011 wissenschaftliche Beraterin im Bereich Demografischer Wandel und Zukunftsforschung der VDI/VDE-IT. Neben der fachlichen Begleitung nationaler und europäischer Fördermaßnahmen beschäftigt sich Apt derzeit vorrangig mit dem Lernen und Arbeiten in einer digitalisierten Welt.

Dr. Christoph Bogenstahl

Christoph Bogenstahl ist Wirtschaftsingenieur und seit 2011 als Seniorberater im Bereich Gesellschaft und Innovation der VDI/VDE-IT tätig. Seine Arbeitsschwerpunkte liegen insbesondere in der strategischen Vorausschau von Technologien und gesellschaftlichen Entwicklungen sowie Akzeptanzforschung. Zuvor war Bogenstahl im Bundesministerium für Bildung und Forschung (BMBF) für den Foresight-Prozess sowie die interministerielle Koordinierung der Ressortforschung zuständig.

Dr. Stephanie Christmann-Budian

Stephanie Christmann-Budian ist seit 2016 in der VDI/VDE-IT im Bereich Bildung und Wissenschaft als Beraterin und wissenschaftliche Mitarbeiterin beschäftigt. Ihr Forschungs- und Arbeitsfokus liegt in der Wissenschafts- und Innovationspolitik im internationalen Vergleich. Regionale Schwerpunkte sind China/Asien und Europa. Zuvor war sie für das Fraunhofer-Institut für System- und Innovationsforschung ISI sowie für die Deutsche Forschungsgemeinschaft (DFG) überwiegend im Ausland im Bereich des Wissenschaftsmanagements tätig.

Dr. Sebastian von Engelhardt

Nach seinem Studium der Volkswirtschaftslehre promovierte Sebastian von Engelhardt im Rahmen des DFG-Graduiertenkollegs „The Economics of Innovative Change" in Jena mit einer Arbeit zur Ko-Existenz von Open und Close Source Software. Anschließend forschte er als Post-Doc in einem Forschungsprojekt in Jena und Berkeley zu Selbstregulierung und digitalen Plattformmärkten. Seine Forschungsergebnisse wurden unter anderem im Journal of Economic Behavior & Organization, in der Zeitschrift für Wirtschaftspolitik und im Bulletin of the Atomic Scientists veröffentlicht. Seine Arbeitsschwerpunkte im Institut für Innovation und Technik (iit) und in der VDI/VDE-IT liegen an der Schnittstelle von Innovations-, Institutionen- und Industrieökonomik. Engelhardt bearbeitet unter anderem Themen der Innovationsfähigkeit, offener Innovationsprozesse, der Digitalisierung von Wirtschaft und Forschung sowie der strategischen Vorausschau.

Dr. Jan-Peter Ferdinand

Jan-Peter Ferdinand studierte Technik- und Organisationssoziologie an der Technischen Universität Berlin. In seiner Promotion untersuchte er Hardware-Startups, die sich aus Open Source Communities ausgründen. Analysen und Beratungen zu offenen und verteilten Innovationsprozessen sowie den dafür notwendigen Strukturen und Rahmenbedingungen bilden die Schwerpunkte seiner Praxiserfahrungen in Wissenschaft und Wirtschaft. Im Rahmen seiner Tätigkeit in der VDI/VDE-IT arbeitet er in verschiedenen Projektzusammenhängen an Themen wie der digitalen Wertschöpfung, der Analyse regionaler Innovationssysteme und der Pfadentwicklung zukunftsrelevanter Technologien.

Thomas Gaens

Thomas Gaens ist ein empirischer Hochschulforscher, der an der Europa-Universität Flensburg (EUF) über die langfristige Entwicklung der Notengebung an deutschen Hochschulen promoviert hat und seit Januar 2017 in der VDI/VDE-IT tätig ist. Die Schwerpunkte seiner Arbeit sind empirische Methoden der Sozialforschung und Forschung zum wissenschaftlichen Nachwuchs. Er war an der EUF als Lehrbeauftragter für angewandte Statistik beschäftigt.

Dr. Johannes Geffers

Johannes Geffers ist seit 2017 in der VDI/VDE-IT im Bereich Bildung und Wissenschaft als Berater und wissenschaftlicher Mitarbeiter beschäftigt. Sein Forschungs- und Arbeitsschwerpunkt ist die Hochschul- und Wissenschaftspolitik, mit einem Fokus auf Forschung zum wissenschaftlichen Nachwuchs und zur nachhaltigen Implementierung wissenschaftlicher Weiterbildung. Seine regionalen Schwerpunkte sind südostasiatische Nationen (ASEAN) und Afrika. Promoviert hat Johannes Geffers zu Berufsbiografien in IT-Startups und hat zuletzt für die Global Young Academy (GYA) zur Situation des wissenschaftlichen Nachwuchses in ASEAN und Afrika geforscht.

Tobias Jetzke

Nach dem Studium der Betriebswirtschaftslehre mit dem Schwerpunkt Organisation und Management gelangte Tobias Jetzke über seine Tätigkeit bei der Prognos AG zum weiterbildenden Masterstudiengang Zukunftsforschung an der FU Berlin – bisher der einzige Studiengang in Deutschland, der sich schwerpunktmäßig mit Zukunftsforschung befasst. In den folgenden zwei Jahren schärfte er seine Methodenkompetenzen und seine Fachkenntnisse der internationalen Zukunftsforschungsszene. Seine Kompetenzen bringt Jetzke seit 2014 im Bereich Demografischer Wandel und Zukunftsforschung der VDI/VDE-IT ein und setzt sich in Projekten für das Büro für Technikfolgen-Abschätzung beim Deutschen Bundestag (TAB) sowie das Umweltbundesamt (UBA) inhaltlich und methodisch mit Horizon Scanning auseinander.

Dr. Sonja Kind

Sonja Kind ist Diplom-Biologin und promovierte Wirtschafts- und Sozialwissenschaftlerin. Seit 2005 ist sie in der VDI/VDE-IT tätig und koordiniert seit 2009 das Themenfeld Evaluation im Institut für Innovation und Technik (iit). Einer ihrer wesentlichen Arbeitsschwerpunkte besteht in der Evaluation von Forschungs-, Technologie- und Innovationsprogrammen. Ein zusätzlicher Fokus ihrer Arbeit ist die Innovations- und Technikanalyse. Kind führt zum Beispiel ein Horizon Scanning für das Büro für Technikfolgen-Abschätzung beim Deutschen Bundestag (TAB) durch. Außerdem konzipiert sie Strategieworkshops für die Zukunftsgestaltung.

Dr. Stefan Krabel

Stefan Krabel ist promovierter Volkswirt und seit 2013 in der VDI/VDE-IT tätig. Die Schwerpunkte seiner Arbeit sind die Wissenschafts-, Bildungs- und Arbeitsökonomik. In seinen Studien beschäftigte er sich unter anderem mit Arbeitsmärkten von Wissenschaftlern, Wissenstransfer aus der Forschung in die Privatwirtschaft, akademischen Ausgründungen und verhaltensökonomischen Analysen. Seine Studien wurden bereits in renommierten Journalen wie Journal of Economic Behavior & Organization, Economics Letters und Research Policy publiziert.

Dr. Ina Lindow

Ina Lindow ist Bildungswissenschaftlerin und seit 2016 wissenschaftliche Mitarbeiterin und Beraterin im Bereich Bildung und Wissenschaft der VDI/VDE-IT. Zuvor forschte sie zu Lehr- und Lernprozessen in Schule und Hochschule, führte Lehrveranstaltungen und Fortbildungen im Rahmen der Lehrerbildung durch und arbeitete freiberuflich als Beraterin zu Fragen pädagogischer Qualitätsentwicklung und schulischer Organisationsentwicklung. In der VDI/VDE-IT ist Lindow derzeit Ko-Projektleiterin der Projektträgerschaft des Bund-Länder-Wettbewerbs „Aufstieg durch Bildung: offene Hochschulen" des Bundesministeriums für Bildung und Forschung (BMBF). Zudem vertritt sie die VDI/VDE-IT in der Kooperation mit dem Kompetenzzentrum Technik-Diversity-Chancengleichheit e.V.

Claudia Loroff

Claudia Loroff ist Diplom-Psychologin und Diplom-Informatikerin. Seit 2005 ist sie Mitarbeiterin der VDI/VDE-IT und seit 2016 stellvertretende Bereichsleiterin des Bereichs Bildung und Wissenschaft. Ihre Themenschwerpunkte sind wissenschaftliche Weiterbildung sowie digitale Bildung, insbesondere im Bereich der beruflichen und hochschulischen Aus- und Weiterbildung. Sie leitet die Projektträgerschaft „Digitale Hochschulbildung", bringt ihre Expertise aber auch in verschiedene Gutachterprozesse und Gremienarbeiten ein.

Stephan Richter

Stephan Richter studierte Natur- und Ingenieurwissenschaften und ist seit 2014 als Berater in der VDI/VDE-IT tätig. Er verantwortet verschiedene Forschungsprojekte unter anderem im Bereich 3D-Druck und Digitalisierung. Für das Büro für Technikfolgen-Abschätzung beim Deutschen Bundestag (TAB) ist er am Horizon Scanning beteiligt, in dessen Rahmen technologische Entwicklungen sowie deren Auswirkungen untersucht und für die Politik aufbereitet werden. Vor seiner Tätigkeit in der VDI/VDE-IT hat Richter für Ford Materialien aus nachwachsenden Rohstoffen entwickelt und realisierte mit der Fiber Industry Development Authority ein Konzept für ein Naturfaser-Qualitätsmanagement auf den Philippinen. Zudem arbeitete er für das Austrian Institute for Technology in Wien an energieeffizienten, bioinspirierten Fassaden.

Dr. Julia Seebode

Julia Seebode studierte Kommunikationswissenschaft und Physik und ist promovierte Ingenieurin mit Expertise für Usability und Nutzererleben digitaler Anwendungen und die Interaktion mit technischen Geräten. Seebode ist in der VDI/VDE-IT als Beraterin im Bereich Kommunikationssysteme und Mensch-Technik-Interaktion tätig und beschäftigt sich mit innovativen, digitalen Technologien sowie zukunftsweisenden Interaktions- und Kommunikationstechnologien für die Anwendungsbereiche Mobilität, Digitalisierung der Wirtschaft und des Alltags sowie Gesundheit.

Dr. Michael Schubert

Michael Schubert ist Diplom-Interaktionsdesigner sowie studierter und promovierter Kognitionswissenschaftler. Schwerpunkte seiner Arbeit sind die Analyse und Entwicklung der Schnittstelle zwischen Technologienutzung und Medienpädagogik mit einem Fokus auf den Bereich der Hochschulbildung. Schubert ist seit 2016 wissenschaftlicher Berater in der VDI/VDE-IT und betreut dort Projekte und Förderprogramme im Bereich der digitalen Hochschulbildung sowie der wissenschaftlichen Weiterbildung.

Dr. Julian Stubbe

Julian Stubbe ist seit 2017 als Berater in der VDI/VDE-IT im Bereich Demografischer Wandel und Zukunftsforschung tätig. Zuvor promovierte er an der Technischen Universität Berlin im Graduiertenkolleg „Innovationsgesellschaft heute", wo er sich mit Fragen gesellschaftlicher, wissenschaftlicher und künstlerischer Innovationen auseinandersetzte. Er veröffentlichte und begutachtete Aufsätze zu Themen wie der gesellschaftlichen Bedeutung technischer Kreativität sowie zu methodischen Fragen der Innovationsforschung.

Dr. Stefan G. Weber

Stefan G. Weber ist Diplom-Informatiker sowie IT-Sicherheits- und Datenschutzex-
perte und ist in der VDI/VDE-IT im Bereich Kommunikationssysteme und Mensch-
Technik-Interaktion tätig. Ein Schwerpunkt seiner Arbeit liegt auf der privatheits-
freundlichen Technologiegestaltung. Vom IPC, Ontario (Kanada) wurde er als
„Ambassador for Privacy by Design" ausgezeichnet.

Sebastian Weide

Sebastian Weide studierte Umweltsysteme und Ressourcenmanagement sowie Europäische Studien an der Universität Osnabrück, an der Université de Liège in Belgien
und an der University of Victoria in Kanada. Seit 2016 arbeitet er in der VDI/VDE-IT
als wissenschaftlicher Mitarbeiter im Bereich Demografischer Wandel und Zukunftsforschung. Im Institut für Innovation und Technik (iit) wirkt Sebastian Weide in diversen Analyseprojekten mit und führt Datenauswertungen verschiedenster Art durch.

Prof. Dr. Volker Wittpahl

Volker Wittpahl leitet seit 2016 das Institut für Innovation und Technik (iit). Nach dem
Studium der Mikroelektronik in Deutschland und Singapur sammelte er Industrieer-
fahrungen in den Bereichen Technologie-Marketing sowie Innovationsmanagement
von Leistungselektronik für die Automobilbranche im Philips-Konzern. Mit seinem
Wechsel zu Philips Design nach Eindhoven in den Niederlanden wurde er einer der
Entwicklungsverantwortlichen im konzerneigenen interdisziplinären Think Tank. Dort
entwickelte er aus den beobachteten Technologie-, Markt- und sozio-kulturellen
Trends neue Produkte, Dienste und Geschäftsfelder für interne und externe Industrie-
kunden. Seit 2014 ist Volker Wittpahl Professor an der Universität Klaipeda in Litauen,
wo er das Baltic Innovation Center of Energy-efficient Systems (BICES) mitgegründet
hat und deutsch-baltische Projekte im Wissenstransfer initiiert.

Guido Zinke

Guido Zinke ist Volkswirt und berät, evaluiert und forscht im Auftrag der EU-Kom-
mission sowie des Bundesministeriums für Bildung und Forschung (BMBF) und des
Bundesministeriums für Wirtschaft und Energie (BMWi) zu digital-, innovations- und
technologiepolitischen Fragestellungen. Seit 2017 ist er als Seniorberater und Pro-
jektleiter in der VDI/VDE-IT in den Bereichen Foresight, Gründungsforschung und
digitale Transformation tätig. Zuvor arbeitete er als Politikberater für Kienbaum und
Rambøll sowie für die Landesbank Baden-Württemberg.

Quellennachweise der Zahlen und Fakten

Kapitel 1: Bürger

55 Prozent der Internetnutzer betrachten die voranschreitende Digitalisierung des Alltags mit Sorge, gleichzeitig stimmen 80 Prozent der Aussage zu, dass eine zunehmende Digitalisierung große Chancen bietet.

Mertz, M.; Jannes, M.; Schlomann, A.; Manderscheid, E.; Rietz, C.; Woopen, C. (2016). Digitale Selbstbestimmung. Cologne Center for Ethics, Rights, Economics, and Social Sciences of Health (ceres) (Hrsg.). Köln, S. 39. Verfügbar unter: http://ceres.uni-koeln.de/fileadmin/user_upload/Bilder/Dokumente/ceres_Digitale_Selbstbestimmung.pdf, zuletzt zugegriffen am 25.07.2017.

38 Millionen befürchten, dass der Staat infolge der technischen Entwicklungen bei Computern und Telekommunikation die Bürger immer stärker überwachen wird.

Institut für Demoskopie Allensbach (IfD) (Hrsg.) (2016). ACTA 2016. Die Allensbacher Computer- und Technik-Analyse, S. 139.

23 Prozent der Privatpersonen wurden bereits Opfer von Internetkriminalität oder Datenmissbrauch.

Initiative D21 e.V. (D21) (2015). D21-Digital-Index 2015. Die Gesellschaft in der digitalen Transformation. Eine Studie der Initiative D21, durchgeführt von TNS Infratest (Hrsg.). S. 40. Verfügbar unter: http://initiatived21.de/app/uploads/2017/01/d21_digital-index2015_web2.pdf, zuletzt zugegriffen am 25.07.2017.

57 Prozent versenden keine vertraulichen Informationen und wichtige Dokumente per E-Mail.

bitkom research (2016). Sicherheit und Vertrauen im Internet. Bitkom Pressekonferenz am 13.10.2016. Verfügbar unter: www.bitkom.org/Presse/Anhaenge-an-PIs/2016/Oktober/Bitkom-Charts-PK-Vertrauen-und-IT-Sicherheit-13-10-2016-final.pdf, zuletzt zugegriffen am 25.07.2017.

62 Prozent der Bürger halten sich selbst verantwortlich für den Schutz der eigenen Daten im Internet.

bitkom research (2014). Datensicherheit: Nutzer nehmen sich selbst in die Pflicht. Pressemitteilung vom 07.10.2014. Verfügbar unter: www.bitkom-research.de/ Presse/Pressearchiv-2014/Datensicherheit-Nutzer-nehmen-sich-selbst-in-die-Pflicht, zuletzt zugegriffen am 25.07.2017.

Deutschland liegt bei den digitalen Kompetenzen der Bevölkerung auf Platz 7 in Europa.

Europäische Kommission (2017). Bericht über den Stand der Digitalisierung in Europa 2017 – Länderprofil Deutschland. S. 2. Verfügbar unter: http://ec.europa.eu/ newsroom/document.cfm?doc_id=44307, zuletzt zugegriffen am 25.07.2017.

Kapitel 2: Unternehmen

35 Prozent der deutschen Unternehmen verwenden Big-Data-Lösungen.

bitkom research; KPMG AG Wirtschaftsprüfungsgesellschaft (2016). Mit Daten Werte schaffen. Report 2016. Eine Studie der bitkom research GmbH im Auftrag der KPMG AG Wirtschaftsprüfungsgesellschaft. S. 37. Verfügbar unter: https:// cdn2.hubspot.net/hubfs/571339/LandingPages-PDF/kpmg-mdws-201-sec.pdf, zuletzt zugegriffen am 25.07.2017.

65 Prozent der Unternehmen nutzen Cloud Computing.

bitkom research; KPMG AG Wirtschaftsprüfungsgesellschaft (2017). Cloud Monitor 2017. Cyber Security im Fokus. Eine Studie der bitkom research GmbH im Auftrag der KPMG AG Wirtschaftsprüfungsgesellschaft. Pressekonferenz am 14.03.2017, S. 5. Verfügbar unter: www.bitkom.org/Presse/Anhaenge-an-PIs/2017/03-Maerz/ Bitkom-KPMG-Charts-PK-Cloud-Monitor-14032017.pdf, zuletzt zugegriffen am 25.07.2017.

81 Prozent der Handwerksbetriebe sind generell aufgeschlossen für die Digitalisierung.

bitkom research; Zentralverband des Deutschen Handwerks (ZDH) (2017). Digitalisierung des Handwerks. Eine Studie der bitkom research GmbH im Auftrag des Zentralverbands des Deutschen Handwerks. Pressekonferenz am 02.03.2017, S. 9. Verfügbar unter: www.bitkom.org/Presse/Anhaenge-an-PIs/2017/03-Maerz/

Bitkom-ZDH-Charts-zur-Digitalisierung-des-Handwerks-02-03-2017-final.pdf, zuletzt zugegriffen am 25.07.2017.

51 Prozent aller Unternehmen in Deutschland sind zwischen 2013 und 2015 Opfer von digitaler Wirtschaftsspionage, Sabotage oder Datendiebstahl geworden.

Bitkom (2015). Spionage, Sabotage und Datendiebstahl – Wirtschaftsschutz im digitalen Zeitalter (Studienbericht), S. 8. Verfügbar unter: www.bitkom.org/noindex/ Publikationen/2015/Studien/Studienbericht-Wirtschaftsschutz/150709-Studienbericht-Wirtschaftsschutz.pdf, zuletzt zugegriffen am 25.07.2017.

82 Prozent der Deutschen sind am Arbeitsplatz von Digitalisierungsprozessen betroffen, 30 Prozent sehr stark.

Institut DGB – Index Gute Arbeit (DGB) (2016). DGB-Index Gute Arbeit: Report 2016. Wie die Beschäftigten die Arbeitsbedingungen in Deutschland beurteilen, S. 5. Verfügbar unter: http://index-gute-arbeit.dgb.de/++co++76276168-a0fb-11e6-8bb8-525400e5a74a, zuletzt zugegriffen am 25.07.2017.

48 Prozent sagen, dass digitale Technologien für die Arbeit im Betrieb unverzichtbar geworden sind.

Institut für Demoskopie Allensbach (IfD) (2016). Studie: Arbeit heute und morgen. Eine Studie des Instituts für Demoskopie Allensbach im Auftrag der Initiative Neue Soziale Marktwirtschaft (INSM), S. 7. Verfügbar unter: www.insm.de/insm/kampagne/grosse-aufgaben/studie-arbeit-heute-und-morgen-vorstellungen-von-der-zukunft-der-arbeit.html, zuletzt zugegriffen am 25.07.2017.

91 Prozent der Internetnutzer finden wichtig zu wissen, welche persönlichen Daten über sie im Internet gespeichert werden – gleichzeitig glauben 82 Prozent, dass die meisten Unternehmen die Daten ihrer Kunden auch an andere Unternehmen weitergeben.

Mertz, M.; Jannes, M.; Schlomann, A.; Manderscheid, E.; Rietz, C.; Woopen, C. (2016). Digitale Selbstbestimmung. Cologne Center for Ethics, Rights, Economics, and Social Sciences of Health (ceres) (Hrsg.). Köln, S. 39. Verfügbar unter: http:// ceres.uni-koeln.de/fileadmin/user_upload/Bilder/Dokumente/ceres_Digitale_Selbstbestimmung.pdf, zuletzt zugegriffen am 25.07.2017.

Kapitel 3: Staat

85 Prozent der Internetnutzer glauben, dass man nicht herausfinden kann, welche staatlichen Stellen oder Unternehmen persönliche Daten ihrer Kunden speichern.

Mertz, M.; Jannes, M.; Schlomann, A.; Manderscheid, E.; Rietz, C.; Woopen, C. (2016). Digitale Selbstbestimmung. Cologne Center for Ethics, Rights, Economics, and Social Sciences of Health (ceres) (Hrsg.). Köln, S. 39. Verfügbar unter: http://ceres.uni-koeln.de/fileadmin/user_upload/Bilder/Dokumente/ceres_Digitale_Selbstbestimmung.pdf, zuletzt zugegriffen am 25.07.2017.

70 Prozent möchten, dass die öffentliche Verwaltung ihre Dienste verstärkt auch online anbietet.

eco – Verband der Internetwirtschaft (2016). Deutschland digital: Zwei Jahre digitale Agenda der Bundesregierung: Wo stehen wir, S. 21. Verfügbar unter: www.eco.de/wp-content/blogs.dir/deutschland_digital_final.pdf, zuletzt zugegriffen am 25.07.2017.

Im Jahr 2009 hielten 44 Prozent der Bürger den Staat verantwortlich für den Datenschutz im Internet – 2014 waren es nur noch 15 Prozent.

bitkom research (2014). Datensicherheit: Nutzer nehmen sich selbst in die Pflicht. Pressemitteilung vom 07.10.2014. Verfügbar unter: www.bitkom-research.de/Presse/Pressearchiv-2014/Datensicherheit-Nutzer-nehmen-sich-selbst-in-die-Pflicht, zuletzt zugegriffen am 25.07.2017.

55 Prozent können sich vorstellen, per Internet zu wählen.

bitkom research (2013). Demokratie 3.0: Die Bedeutung des Internets für die politische Meinungsbildung und Partizipation von Bürgern – Ergebnisse einer repräsentativen Befragung von Wahlberechtigten in Deutschland, S. 4. Verfügbar unter: www.bitkom.org/noindex/Publikationen/2013/Studien/Studie-Demokratie-3-0/BITKOM-Studie-Demokratie-30.pdf, zuletzt zugegriffen am 25.07.2017.

80 Prozent der Befragten sind der Meinung, dass es neue Gesetze braucht, damit Fake News in den sozialen Medien schneller gelöscht werden.

Landesanstalt für Medien Nordrhein-Westfalen (LfM) (2017). Fake News. Ergebnisbericht. Eine Umfrage der forsa GmbH im Auftrag der Landesanstalt für Medien Nordrhein-Westfalen, S. 7. Verfügbar unter: www.lfm-nrw.de/fileadmin/user_upload/Ergebnisbericht_Fake_News.pdf, zuletzt zugegriffen am 25.07.2017.

74 Prozent meinen, dass man ohne die Nutzung digitaler Medien von vielen Bereichen des alltäglichen Lebens ausgeschlossen ist.

Mertz, M.; Jannes, M.; Schlomann, A.; Manderscheid, E.; Rietz, C.; Woopen, C. (2016). Digitale Selbstbestimmung. Cologne Center for Ethics, Rights, Economics, and Social Sciences of Health (ceres) (Hrsg.). Köln, S. 41. Verfügbar unter: http://ceres.uni-koeln.de/fileadmin/user_upload/Bilder/Dokumente/ceres_Digitale_Selbstbestimmung.pdf, zuletzt zugegriffen am 25.07.2017.

61 Prozent glauben, dass Fake News unsere Demokratie bedrohen.

Landesanstalt für Medien Nordrhein-Westfalen (LfM) (2017). Fake News. Ergebnisbericht. Eine Umfrage der forsa GmbH im Auftrag der Landesanstalt für Medien Nordrhein-Westfalen, S. 7. Verfügbar unter: www.lfm-nrw.de/fileadmin/user_upload/Ergebnisbericht_Fake_News.pdf, zuletzt zugegriffen am 25.07.2017.

In Deutschland haben 31 Prozent der Internetnutzer keinen Schulabschluss oder einen Hauptschulabschluss.

Arbeitsgemeinschaft Online Forschung e.V (AGOF) (2017). digital facts 2017-03: Daten zur Nutzerschaft. S. 6. Verfügbar unter: www.agof.de/download/Downloads_digital_facts/Downloads_Digital_Facts_2017/Downloads_Digital_Facts_2017-03/03-2017_df_Grafiken_digital%20facts%202017-03.pdf?x87612, zuletzt zugegriffen am 25.07.2017.